新工科×新商科·大数据与商务智能系列

大数据导论
——基于管理视角

周军杰　编著

電子工業出版社
Publishing House of Electronics Industry
北京·BEIJING

内 容 简 介

本书以社会对“具有数据技能的管理者”的需求为导向，从管理视角切入，尝试以人文社科类专业学生容易接受的语言介绍与大数据相关的知识点。全书分为基础篇和管理篇两部分，基础篇包括大数据概论、理解大数据、大数据技术；管理篇包括大数据的产业影响、大数据与社会治理创新、大数据与企业数字化转型、大数据与管理人才培养、大数据与商业伦理。此外，本书配有教学 PPT 和其他课程资源，有需要的老师可以登录华信教育资源网(www.hxedu.com.cn)下载。

本书适合作为工商管理、市场营销、会计学、人力资源管理、行政管理等专业的学生教材，也可以供社会上对大数据赋能商业管理有兴趣的读者阅读。

图书在版编目(CIP)数据

大数据导论：基于管理视角 / 周军杰编著. — 北京：电子工业出版社，2023.3

ISBN 978-7-121-45225-3

Ⅰ. ①大… Ⅱ. ①周… Ⅲ. ①数据管理－高等学校－教材 Ⅳ. ①TP274

中国国家版本馆 CIP 数据核字(2023)第 046049 号

责任编辑：王二华
印　　刷：北京雁林吉兆印刷有限公司
装　　订：北京雁林吉兆印刷有限公司
出版发行：电子工业出版社
　　　　　北京市海淀区万寿路 173 信箱　　邮编：100036
开　　本：787×1092　1/16　印张：11　字数：229 千字
版　　次：2023 年 3 月第 1 版
印　　次：2024 年 7 月第 3 次印刷
定　　价：36.00 元

凡所购买电子工业出版社图书有缺损问题，请向购买书店调换。若书店售缺，请与本社发行部联系，联系及邮购电话：(010)88254888，88258888。

质量投诉请发邮件至 zlts@phei.com.cn，盗版侵权举报请发邮件至 dbqq@phei.com.cn。

本书咨询联系方式：wangrh@phei.com.cn。

前　　言

互联网、大数据、云计算、5G、人工智能及机器学习等新一代信息与通信技术正在蓬勃发展，正在重塑人类生产、生活、学习、工作、休闲、娱乐等各项活动，传统的产业格局与管理模式也在发生着重大变革。在这些新兴变化中，大数据作为一种国家战略资源，成为促进经济发展的关键基础要素，引起学术界、产业界、政府及行业用户等的高度关注。世界主要国家已经相继制定促进大数据产业发展的政策法规，实施积极的大数据国家战略，尝试构建完整的大数据生态产业链，试图在新一轮国家经济发展竞争中抢占先机。这种“官、产、学、研、用”等不同主体之间的良性互动，推动大数据成为热门学科。

1. 写作背景

随着大数据的兴起与普及，“大数据导论”作为一门课程走进大学课堂，成为很多专业的必修或选修课程。纵览市面上的相关教材，可以发现一个现象：各大出版社组织专家编写的教材，大多面向计算机相关专业或其他理工类专业学生。这类教材的典型特征是技术性非常强，适合拥有一定技术背景与知识的理工类专业学生学习和使用。这些教材包含了很多专业词汇，要求使用者具有一定的相关知识储备，大大增加了学习者的学习难度，并不太适合非理工类专业学生使用。考虑到“新文科”“新商科”等交叉学科正在兴起，编写一本适合人文社科类专业学生使用的教材势在必行。

自 2018 年开始，笔者面向工商管理、市场营销、会计学等专业的本科生讲授“大数据导论”“数据挖掘”“数据思维与数据科学”等课程，深刻体会到人文社科类专业学生学习技术类课程面临的问题和困难，于是萌生了编写一本面向人文社科类专业学生的大数据教材的想法。2020 年 7 月至 2022 年 12 月笔者担任汕头大学商学院企业管理系主任期间，组织和完成了工商管理、市场营销专业培养方案多个轮次的修订，确定了“人工智能与大数据+专业”的交叉融合思路，形成了工商管理（大数据与商务智能方向）、工商管理（创业与创新管理方向）及市场营销（大数据营销方向）三个独立的培养方案。2021 年，工商管理专业顺利获批国家一流本科专业建设点，市场营销专业顺利获批广东省一流本科专业建设点。这些宝贵的专业建设经历，也是笔者编写本书的重要动机。

2. 本书特色

本书的读者对象定位为人文社科类专业学生，既可以作为本科学生的学习教材，也可以作为专科高年级学生的学习教材。适用的专业包括市场营销、工商管理、财务管理、人力资源管理、国际经济与贸易、金融学、会计学、电子商务、国际商务及经济学等。对于旨在开展“人工智能与大数据+专业”交叉融合的专业，本书可以作为必修的公共基础课教材使用；对于尚在探索转型或融合的专业，本书可以作为专业前沿课的教材使用。不论是哪种课程定位，本书都可以为他们提供基于管理视角的大数据基础知识，引导大家熟悉大数据技术在不同行业的应用，理解大数据技术对企业内外部管理活动的影响，培养学生在本专业应用大数据的素养和能力。

全书采用了模块式结构，模块之间既独立分布，又相互呼应，满足多样化的教学与学习需求。全书分为基础篇和管理篇两个部分，前者侧重于与大数据相关的基础政策、概念及技术的介绍，后者侧重于从管理视角理解大数据相关实践与活动。其中，基础篇（第 1～3 章）从大数据相关的基础知识入手，以全景视角向读者介绍大数据产生的时代背景、各国战略、大数据的内涵与外延、大数据技术等；管理篇（第 4～8 章）则首先介绍“造”和“用”的观点、理解大数据影响的逻辑与框架，然后分别介绍大数据对产业布局的影响、对宏观社会治理的影响、对企业数字化转型的影响、对个人发展的影响，以及大数据与商业伦理等。全书章节安排力求避开对技术细节的讲解，尝试结合商科的主干知识体系，引导学生有效开展学习。

笔者精心设计了每章的章节内容与编排顺序。为了便于老师和同学们使用本书，笔者吸收了同行们的优秀经验，在每章的开篇环节设置了课前导读、学习目标、重点与难点，并以思维导图的形式给出了章节内容之间的关系，为读者呈现了清晰的知识地图。针对书中的每个知识点，笔者也都尽可能安排了相应的示例，便于读者将抽象的概念与实践联系起来。在每章的结尾部分，设计了带有课程思政元素的思考案例。8 个课后案例全部基于中国实践改编，并设置了思考问题。希望通过对案例的阅读和思考，引导学生树立崇高的家国情怀，立志成为恪守商业伦理、勇于责任担当和追求可持续发展的复合型人才。8 个课后案例具体的思政元素要点有以下 4 项。

• 树立崇高的家国情怀和民族自信，具体参见第 1 章课后案例““东数西算’”工程与我国东西部产业布局”、第 3 章案例““科技范儿’的北京冬奥会”、第 4 章课后案例“数字乡村背景下的兰考县脱贫致富实践”。

• 培养学生的创新思维与创新意识，具体参见第 2 章课后案例“大数据与小数据思辨”，第 5 章课后案例““粤省事’移动政务服务平台创新实践”，第 6 章课后案例“汕头大学医学院第一附属医院互联网医院创新实践”。

• 提高不惧技术困难的韧性，提升专业素养和专业自信，具体参见第 7 章课后案例“新文科背景下的交叉复合人才培养”。

• 建立正确的商业伦理观念，具体参见第 8 章课后案例“人脸识别场景中的隐私泄露与保护”。

3. 教学安排

本书的课时安排可以设置为 2 学分(36 课时)或 3 学分(48 学时)。授课老师可以根据授课对象的专业、年级，灵活调整授课范围内容。例如，针对没有基础的低年级学生，可以略讲技术环节的知识，引导学生观察现象与实践，注重思维方式的塑造；针对高年级学生，可以引导学生观察、思考和总结与自己所学专业相关的大数据实践、前沿及研究问题等，尝试开展深度交叉融合型学习。此外，本书配有教学 PPT 和其他课程资源，有需要的老师可以登录华信教育资源网(www.hxedu.com.cn)下载。

4. 致谢

本书的撰写工作是在同行、同事们的帮助下完成的。在前期授课过程中，汕头大学商学院“大数据导论”课程组的授课老师邹宗保副教授、刘久兵博士及李柏勋教授与笔者进行过多次讨论，就授课所用教材、授课过程中遇到的问题及解决思路进行过深入交流，形成了撰写本书的重要基础。在本书写作过程中，武汉纺织大学夏火松教授，中国地质大学(武汉)朱镇教授，华南理工大学葛淳棉教授，汕头大学李松教授、龙月娥副教授、陈名芹副教授、邹宗保副教授对全书的内容设计、章节安排提出了宝贵建议。此外，朱镇教授、李松教授、陈名芹副教授、邹宗保副教授还分别为“人工智能”“大数据与社会治理创新”“大数据与财务管理”“大数据与供应链管理”等章节提供了翔实的写作素材，大大提高了本书的写作进度和质量。在此对他们表示衷心的感谢！

本书的撰写工作离不开笔者课题组各位同学的辛勤付出。自 2013 年参加工作以来，我非常幸运地遇到了一批批优秀的学生，他们的热心、好奇及求知欲是我教学与科研不断向前的重要动力之一。具体到本书的出版过程，汕头大学商学院企业管理系 2020 级工商管理专业本科生陈静、廖碧瑶、孙光鹏、林芳、卓紫晴、林登雄和 2019 级工商管理专业本科生李周源、林飞明、李学瑞参加了资料的收集、整理和编校工作。他们态度端正、工作勤奋，为全书的成稿付出了大量精力，出色完成了各自负责的工作，在此向他们表示衷心的感谢！在此过程中，我欣喜地看到他们展现

出来了扎实的信息检索能力、专业素养和开展创新工作的潜力，也由衷地为他们的进步感到高兴！

本书的撰写工作还得到了汕头大学教务处及商学院领导与老师的诸多支持。汕头大学教务处和商学院教学办的同事们积极协助笔者总结教学实践经验，成功获批了广东省高等教育教学改革项目“新文科背景下商科学生的数据分析能力培养模式研究”。该项目的获批和执行，使得笔者能够及时总结、凝练和反思前期教学的经验和不足，为本书的撰写工作提供了诸多帮助。商学院党委书记邹志波教授、院长梁强教授、副院长龙月娥教授在教学、科研及生活方面提供了大量无私的帮助，使得笔者能够专心推进相关工作。在此向他们表示衷心的感谢！

在本书撰写过程中，笔者还参考了大量国内外现有教材和有关文献，从中汲取了大量的有益知识和写作思路，大大促进了本书的完善，在此对这些教材和文献的作者致以敬意！

大数据是一个新兴领域，也是一个飞速发展和快速迭代的领域，涉及多学科、多领域的知识。限于时间、精力和知识结构，书中难免存在错误和不妥之处，恳请广大读者批评指正，以帮助我们对本书做进一步的修改和完善。

周军杰

2023 年 2 月

于汕头大学桑浦山校区

目　　录

第1篇　基　础　篇

第1章　大数据概论 …… 2
1.1　大数据时代 …… 3
1.1.1　作为现象的大数据 …… 3
1.1.2　作为技术的大数据 …… 4
1.1.3　作为管理的大数据 …… 5
1.2　大数据的发展历程 …… 5
1.2.1　技术创新与管理学科发展 …… 5
1.2.2　信息技术发展与大数据变革 …… 10
1.2.3　大数据相关技术 …… 13
1.3　大数据相关政策与战略 …… 14
1.3.1　国外的大数据发展政策与战略 …… 14
1.3.2　我国的大数据发展政策 …… 19
1.3.3　我国的大数据战略实践 …… 21
第2章　理解大数据 …… 27
2.1　数据与大数据 …… 28
2.1.1　大数据的定义 …… 28
2.1.2　大数据的特征 …… 29
2.1.3　传统数据与大数据的比较 …… 30
2.2　数据来源与数据类型 …… 32
2.2.1　常见的数据来源 …… 32
2.2.2　常见的数据类型 …… 33
2.2.3　数据类型之间的转换 …… 35
2.3　数据的价值 …… 37
2.3.1　数据金字塔 …… 38
2.3.2　数据对企业的价值 …… 39

第 3 章　大数据技术 ······43

3.1　数据管理技术 ······44

3.1.1　数据采集技术 ······44

3.1.2　数据存储技术 ······46

3.1.3　数据加工技术 ······49

3.2　数据分析技术 ······53

3.2.1　商务数据分析技术体系 ······53

3.2.2　预测性分析技术 ······55

3.2.3　大数据分析工具 ······57

3.3　常见的相近技术概念辨析 ······63

3.3.1　人工智能 ······63

3.3.2　机器学习 ······64

3.3.3　人工智能、数据挖掘、机器学习之间的关系 ······66

第 2 篇　管　理　篇

第 4 章　大数据的产业影响 ······72

4.1　全景视角下的大数据产业链 ······73

4.2　“造”和“用”视角下的产业变革 ······74

4.2.1　“造技术”的开发视角 ······74

4.2.2　“用技术”的管理视角 ······76

4.3　大数据的行业应用 ······77

4.3.1　金融行业 ······77

4.3.2　医疗行业 ······79

4.3.3　物流行业 ······82

4.3.4　电子商务行业 ······83

4.3.5　旅游行业 ······85

第 5 章　大数据与社会治理创新 ······90

5.1　大数据时代的社会治理理念 ······91

5.1.1　社会治理理念创新 ······91

5.1.2　社会治理方法创新 ······93

5.2　大数据时代的社会治理实践 ······95

5.2.1　数字政府 ······95

5.2.2 智慧城市……97
5.2.3 数字乡村……101

第 6 章 大数据与企业数字化转型……107
6.1 企业数字化转型……108
6.1.1 数字化转型的含义与场景……108
6.1.2 企业数字化转型的阶段……110
6.1.3 企业数字化转型的挑战……113
6.1.4 企业数字化转型的建议……114
6.2 大数据与供应链管理……115
6.2.1 供应链管理的大数据应用……115
6.2.2 大数据供应链管理的发展趋势……119
6.3 大数据与财务管理……120
6.3.1 财务管理的大数据应用……120
6.3.2 大数据财务管理的发展趋势……122
6.4 大数据与人力资源管理……124
6.4.1 人力资源管理的大数据应用……124
6.4.2 大数据人力资源管理的发展趋势……126
6.5 大数据与客户关系管理……127
6.5.1 客户关系管理的大数据应用……128
6.5.2 大数据客户关系管理的发展趋势……129

第 7 章 大数据与管理人才培养……132
7.1 数据科学……133
7.1.1 数据科学的定义……133
7.1.2 数据科学家……135
7.1.3 数据科学知识体系……136
7.2 数据思维……138
7.2.1 CRISP-DM……139
7.2.2 “业务—数据”双向迭代思维……143
7.2.3 数据领导力过程模型……145
7.3 大数据时代的学习与发展建议……147
7.3.1 大数据背景下商科“教”和“学”的挑战……147
7.3.2 大数据背景下商科“教”和“学”的建议……148

第 8 章　大数据与商业伦理 …… 152
8.1　大数据安全问题 …… 153
8.1.1　技术问题 …… 153
8.1.2　管理问题 …… 156
8.1.3　业务问题 …… 157
8.2　数据安全和商业伦理保护 …… 160
8.2.1　立法监督 …… 160
8.2.2　科技克制 …… 160
8.2.3　文化促进 …… 161
参考文献 …… 163

第1篇 基 础 篇

第 1 章

大数据概论

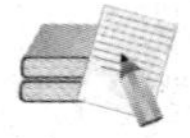

课前导读

本章主要阐述大数据的时代特征、大数据的发展历程、主要国家的大数据发展政策和战略。重点说明如何从不同视角理解大数据的时代特征，解释了技术创新与管理学科发展之间的关系、信息技术发展对大数据变革的影响；从国家层面介绍各国为应对大数据所制定的政策，并重点讲述我国的大数据战略实践。本章以“理论+案例分析”相结合的方式对每节的内容进行介绍，帮助读者更加深刻地理解大数据的重要性。本章内容组织结构如图 1-1 所示。

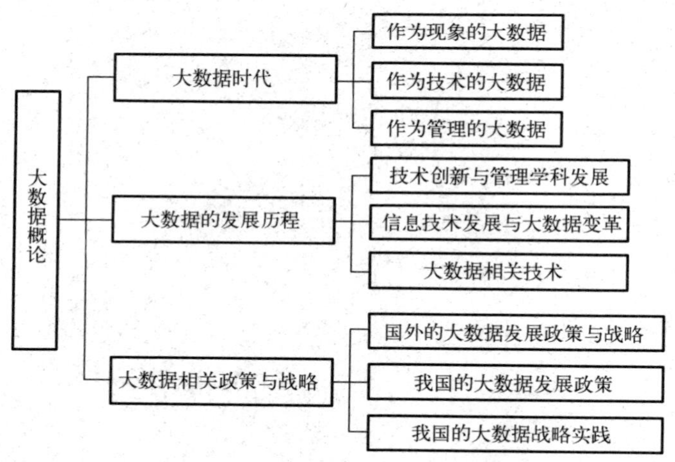

图 1-1　本章内容组织结构

学习目标

目标 1：理解多维视角下的大数据。

目标 2：理解技术创新与管理学科之间的关系。

目标 3：了解国外的大数据发展政策与战略。

目标 4：熟悉我国的大数据战略与政策。

目标 5：熟悉与大数据相关的技术。

本章重点

重点 1：多维视角下的大数据。

重点 2：信息技术发展与大数据变革。

重点 3：我国的大数据战略实践。

本章难点

难点 1：技术变革与管理学科之间的关系。

难点 2：管理视角的大数据战略及影响。

1.1　大数据时代

近年来，随着互联网、物联网、可穿戴设备及 5G 移动通信技术的发展，信息与通信技术已经渗透到人们工作、生活、教育及娱乐等活动中，呈现出“人-机-物”融合的趋势，正在重塑人类经济与社会发展的路径与形态，引发了数据规模的爆炸性增长。大数据(Big Data)已经引起国内外产业界、学术界及政府部门的高度关注，被认为是驱动经济发展的新要素及新兴的战略资源。

在现实生活中，“大数据”频繁出现在各种场合中，成为人们耳熟能详的时代热词。不过，什么是大数据？大数据有何特征？大数据有何价值？又会如何影响社会发展、经济增长、企业经营与个人成长？这些问题成为新时期高校文科学生，尤其是商科学生需要思考的问题。本节将从现象、技术、管理三个视角出发，为大家介绍大数据的时代特征。

1.1.1　作为现象的大数据

作为现象的大数据指的是大数据作为全社会普遍关注的概念、日益普及的行业应用，已经深入人类社会方方面面的一种现象。

作为一个时代名词，“大数据”更多的是一种抽象的概念与现象。例如，当“大数据”出现在各国官方的文件、各类新闻媒体的日常报道、企业的产品说明与广告宣传，甚至人们日常生活用语时，普通大众很难说清楚以上场景中每个“大数据”的具体含义。在这些场景中，“大数据”对普通大众来说，更多是一个抽象的名词或

概念，是我们所处时代现象的反映。

作为一类专业应用，“大数据”更多的是普通大众见到但可能没有意识到的行业应用场景或现象。例如，当人们使用电子商务平台购物时，会经常遇到各类商品或服务推荐，这些被推荐的商品或服务可能是自己曾经浏览或购买过的，也可能是所购买商品的相似商品或互补型商品。这类推荐现象是典型的大数据应用，即电子商务平台基于用户的浏览记录和订单信息等，利用算法为用户匹配其购买或经常浏览的类似商品或服务。这种利用用户(或相似用户)浏览信息生成商品推荐的现象，是典型的大数据应用现象。

实际上，类似的现象无处不在。例如，人们在使用手机或计算机进行文字输入时，可能会发现自己以往输入的文字或相似搭配词汇会自动弹出；人们使用音乐软件听歌时，可能会发现播放软件会推荐自己喜欢的歌曲；人们使用打车软件选择目的地时，可能会发现自动弹出自己常去或曾经去过的地方；人们使用团购软件购买外卖时，可能会发现团购平台会推荐自己喜欢的美食；学习过 Python 或数据分析课程的同学，打开微信时可能会发现被推荐 9.9 元的 Python 数据分析课程。这些大数据在具体场景的应用现象，已经成为人们日常商业、娱乐、生活或学习的一部分，是我们所处时代的典型特征之一。

1.1.2 作为技术的大数据

作为技术的大数据指的是与大数据相关的技术。典型的大数据技术分为硬件技术和软件技术两大类，覆盖底层硬件、数据采集、存储、管理与分析等不同场景。硬件技术主要用来解决数据的采集与存储等任务，如对物联网或智能硬件的数据采集、对互联网数据的采集、对海量数据的分布式存储等。对企业来讲，数据采集与存储既意味着硬件设备的采购或租赁，也意味着软件技术(如网络爬虫等数据采集软件、MySQL 等关系型数据库、NoSQL 等非关系型数据库等)的发展升级。数据分析技术则是指分析数据特征、潜在知识与模式的技术手段，如常见的统计分析、数据挖掘、深度学习等算法与技术，或封装好这些算法与技术的软件工具等。

对普通大众来讲，大数据相关的硬件技术不太常见，人们接触到的多是大数据分析技术。例如，当人们在新闻报道中听到或在行业报告中看到“大数据显示……”“大数据分析显示……”，此时的“大数据”多指“大数据分析技术”。又如，当人们在电子商务平台收到各类个性化推荐时，此时的推荐结果主要是基于大数据分析技术产生的，即通过对用户既往行为数据记录进行分析，从中发现有商业价值的知识或模式。

1.1.3　作为管理的大数据

作为管理的大数据指的是利用大数据分析技术，改变和优化传统管理与决策方式的活动。在大数据时代，以往所采用的经验式、直觉式的管理决策模式将被改变。例如，企业可以整合历史数据及业务新产生的动态数据，基于大数据分析技术对业务运营现状及未来趋势进行分析，使管理决策与业务运营更加科学。基于大数据共享平台，企业可以将不同部门进行有效串联，加快数据在不同部门及不同业务之间的流转速度、提高不同部门及不同业务之间的协同效率，从而降低企业的运营成本，或者帮助企业规避业务风险，为企业的可持续发展提供技术保障。

除了充分利用内部数据，企业还可以整合和利用外部数据。在大数据时代，企业可以通过数据共享平台、社交媒体及第三方机构等外部渠道，获取更多、更完善的行业上下游数据、消费者行为数据、产品(或服务)的评价数据及售后数据等。企业还可通过整合外部数据及内部数据，更好地掌握行业动态、市场详情、产品(服务)市场表现、竞争对手及竞争产品(服务)等信息，在此基础上形成业务规划战略、市场营销方案及运营优化方案等，从而优化企业的经营和管理活动。

在大数据时代，对企业来说，管理视角的大数据意味着企业需要做好大数据管理工作，制定可能的大数据利用策略与实施方案，提升企业的管理能力与水平。

1.2　大数据的发展历程

大数据是新兴实践。本节将引入“技术—管理”互动逻辑，梳理大数据产生与发展的历史背景，引导读者思考大数据的时代影响。本节将首先回顾技术创新与管理理论之间的互动关系，然后梳理信息技术发展对大数据变革的影响，最后介绍云计算、物联网等与大数据较为密切的新技术，以管理的视角呈现大数据的前世今生。

1.2.1　技术创新与管理学科发展

人类历史上先后发生了三次工业革命。第一次工业革命的标志是瓦特蒸汽机和珍妮纺纱机的发明与广泛使用，人类社会进入机械化时代。第二次工业革命的标志是电力的广泛应用和内燃机的发明，人类社会进入电气化时代。第三次工业革命的标志是原子能、计算机、空间技术、生物工程的发明和应用，人类社会进入信息化时代。

工业革命的出现，不仅使人类进入工业文明时代，也使经济增长的驱动要素发

生了变化。在农业时代，经济与社会发展依赖于劳动与土地。工业革命之后，传统小作坊开始向大规模生产转型，经济发展的启动门槛提升，资本开始成为经济发展的要素。随着现代信息技术的发展，尤其是大数据出现以后，数据作为实体社会的虚拟投射，其价值开发的技术与手段得到了极大提升。数据与土地、劳动、资本一起，成为一种重要的资源禀赋和驱动经济发展的基本要素。

随着工业革命带来的技术创新，人类社会的生产组织、管理活动及管理理论也随之变化。本节介绍技术创新与管理学科发展之间的关系，目的是展示一种逻辑关系：技术变革会促进管理实践及理论的发展，管理理论的进步反过来会对技术变革产生理论指导，使得技术创新可以有组织、有管理地开展。图 1-2 是工业革命之后，管理学科及理论发展的部分标志性成果。

1.2.1.1　第一次工业革命时期的管理理论发展

18 世纪 60 年代，第一次工业革命爆发，人类开始进入机械化时代。蒸汽机、纺织机相继问世，手工工场开始被机器工厂取代。英国作为第一次工业革命的核心国家，其工业和近代企业初步形成，经济增长被纳入教学和学术研究视野。这一时期的典型人物代表是苏格兰经济学家亚当·斯密。

1776 年，亚当·斯密首次出版了《国民财富的性质和原因的研究》(即《国富论》)。《国富论》讨论了劳动分工、生产力和自由市场等议题，阐释了经济理论、经济思想、经济政策等知识，对工业革命初期的经济学研究进行了反思。亚当·斯密富有预见性的洞察和诸多实用的见解影响了后世，他本人也因此被誉为古典经济学的“开山鼻祖”。时至今日，这部古典经济学著作对经济学研究仍然有着重要作用，被列为经济学和管理学的经典必读书目之一。

1.2.1.2　第二次工业革命时期的管理理论发展

19 世纪 60 年代，第二次工业革命爆发，人类开始进入电气化时代。工厂制度普遍建立，规模化生产应运而生，管理经验在英国不断积累并逐渐向其他国家推广。19 世纪中下叶，美国出现了铁路建设热潮，开始出现“股份公司制”，并逐渐扩展到全部工商企业，产生了“经理革命”。1895 年，美国工程师费雷德里克·泰勒提出“差别工资制”方案，要求按日计时计算工作成果，即要求对每个工人的生产成果及时检验并快速统计、公布，在此基础上实行差别工作，引发了“科学管理”变革。此后，福特汽车采用了大批量产品流水生产线作业的管理制度，进一步推进了科学管理的发展，也使得工人对资本和机器的依附性大大增强。

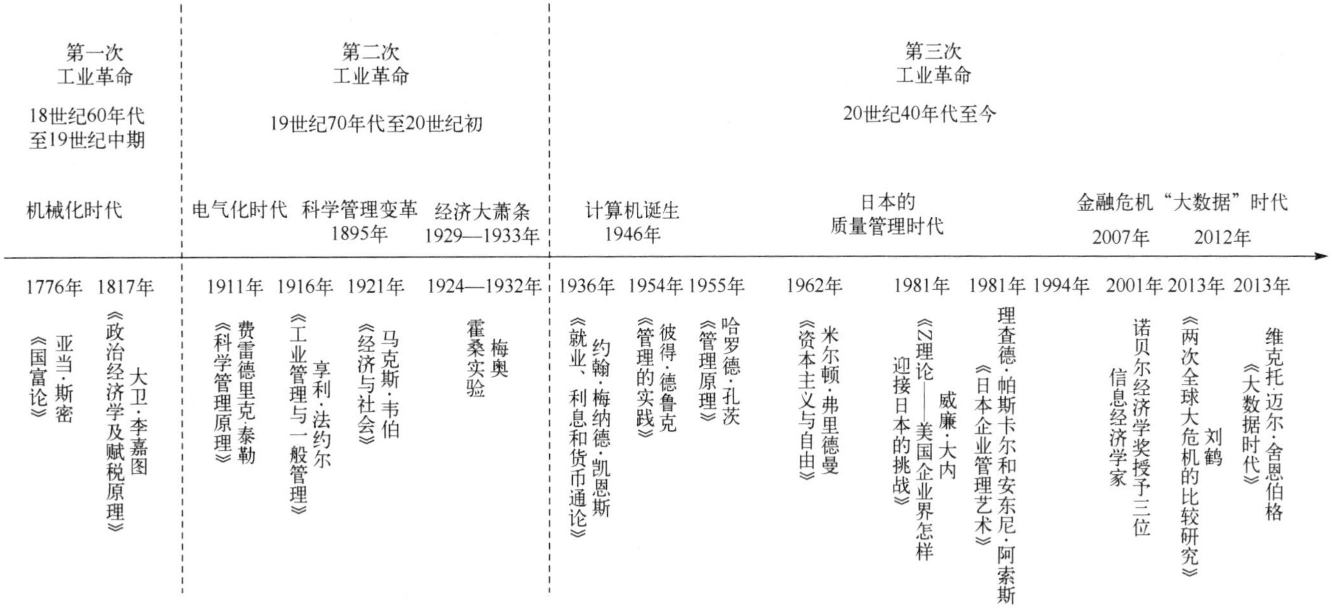

第一次工业革命 18世纪60年代至19世纪中期 机械化时代

1776年 《国富论》 亚当·斯密

1817年 《政治经济学及赋税原理》 大卫·李嘉图

第二次工业革命 19世纪70年代至20世纪初 电气化时代 科学管理变革 1895年 经济大萧条 1929—1933年

1911年 《科学管理原理》 费雷德里克·泰勒

1916年 《工业管理与一般管理》 亨利·法约尔

1921年 《经济与社会》 马克斯·韦伯

1924—1932年 霍桑实验 梅奥

第三次工业革命 20世纪40年代至今 计算机诞生 1946年 日本的质量管理时代 金融危机 2007年 “大数据”时代 2012年

1936年 《就业、利息和货币通论》 约翰·梅纳德·凯恩斯

1954年 《管理的实践》 彼得·德鲁克

1955年 《管理原理》 哈罗德·孔茨

1962年 《资本主义与自由》 米尔顿·弗里德曼

1981年 《Z理论——美国企业界怎样迎接日本的挑战》 威廉·大内

1981年 《日本企业管理艺术》 理查德·帕斯卡尔和安东尼·阿索斯

1994年

2001年 诺贝尔经济学奖授予三位信息经济学家

2013年 《两次全球大危机的比较研究》 刘鹤

2013年 《大数据时代》 维克托·迈尔·舍恩伯格

图 1-2 管理学科及理论发展历程

受第二次工业革命的影响，管理学科得到了较大发展，形成了古典管理理论阶段。这一时期的学科先驱有三位，分别是费雷德里克·泰勒(1856—1915 年)、德国的马克斯·韦伯(1864—1920 年)和法国的亨利·法约尔(1841—1925 年)。1911 年，泰勒发表了管理学科发展历史上的重要著作《科学管理原理》，阐述了自己对科学管理原则的看法。他认为科学管理是指为了每个人的利益而对企业进行必要的协调，如提高劳动者工资。费雷德里克·泰勒被誉为“科学管理之父”，他的贡献在于用科学化、标准化的管理方法取代旧的经验管理。1916 年，亨利·法约尔发表了著作《工业管理与一般管理》。他提出有六种类型的组织活动，管理是其中之一。此外，他还提出了管理的五个主要功能和十四个管理原则，认为管理理论和方法不仅适用于企业，也适用于军政机关和社会团体，一般管理理论在欧洲影响较大。1921 年，政治经济学家和社会学家马克斯·韦伯发表了著作《经济与社会》。该书涉及宗教、经济、政治、公共管理和社会学等诸多主题。他认为理想的组织应以合理合法的权力为基础，这样才能有效维系组织连续性和达成组织目标。

1929—1933 年期间，主要资本主义国家经历了严重的经济危机，深刻地改变了经济学与管理学的发展。1924—1932 年，哈佛大学教授梅奥等人在芝加哥郊外的霍桑工厂进行了一系列的实验。通过改变工作结构与条件，如休息时间、福利待遇等，梅奥等人认为工人会因意识到被观察而改变其行为的某个方面。梅奥认为要调动工人的积极性，除了物质需求的满足，还必须注重工人在社会方面和心理方面的需求，提高生产效率的主要途径是提高员工的满足感；此外，管理者应当正视非正式组织存在的现实，处理好正式组织与非正式组织之间的关系。1936 年，英国经济学家约翰·梅纳德·凯恩斯发表著作《就业、利息和货币通论》，他否认经济会自动达到平衡，认为市场的不稳定和不可治理的心理会导致周期性的繁荣和危机，发生经济危机时国家应该采用扩张性的经济政策，通过增加需求促进经济增长。该书引起了经济思想的深刻转变，使宏观经济学在经济理论中占据了核心地位。

1.2.1.3 第三次工业革命时期的管理理论发展

20 世纪 40 年代，第三次工业革命爆发且一直持续到今天，人类进入信息时代。随着计算机和数字记录的应用和普及，第三次工业革命从机械和模拟电子技术向数字电子技术转变。这场革命的核心是数字逻辑、晶体管、集成电路芯片及其衍生技术(如计算机、微处理器、数字蜂窝电话和互联网)的大规模生产与使用。计算机等数字电子技术的应用，提高了产品制作的精度，稳定了生产制造的标准，为自动化生产提供了坚实的技术保障，同时也为其他高新技术的研发创造了条件。

第三次工业革命至今，管理学科主要经历了现代管理理论及当代管理理论两个阶段。现代管理学的两位代表人物分别是美国的彼得·德鲁克(1909—2005 年)和哈罗德·孔茨(1909—1984 年)。1954 年，管理学家彼得·德鲁克发表了著作《管理的实践》，他在书中提出了企业管理、现代人力资源管理的概念，探索如何建立高效的管理机制和如何衡量管理的成果，认为管理就是界定企业的使命并组织和激励人力资源去实现它。1955 年，管理学家哈罗德·孔茨发表著作《管理原理》，结合作者后期作品，他认为管理的职能应划分为计划、组织、人事、指挥和控制五项，协调不是一种单独的职能，而是有效应用了这五种职能的结果。1962 年，美国经济学家和统计学家米尔顿·弗里德曼发表著作《资本主义与自由》，该书讨论了经济资本主义在自由社会中的作用，认为经济自由是政治自由的前提。

随着第二次世界大战以后日本经济的腾飞，现代管理理论进入“日本实践”时代，主要代表人物包括美国的威廉·大内、理查德·帕斯卡尔和安东尼·阿索斯。1981 年，威廉·大内发表著作《Z 理论——美国企业界怎样迎接日本的挑战》(以下简称“Z 理论”)，“Z 理论”基于日本企业实践，认为可以通过提供一份终身工作并重视员工在工作中和工作外的福利来提高员工对公司的忠诚度。威廉·大内说，“Z 理论”管理倾向于促进稳定的就业、高生产力、高员工士气和满意度。同年，斯坦福大学商学研究院教授理查德·帕斯卡尔和哈佛大学工商管理研究院教授安东尼·阿索斯发表作品《日本企业管理艺术》，这本书用麦肯锡 7S 框架(结构、战略、系统、技能、风格、员工和共同价值观)比较了日本的松下公司和美国的 ITT 公司，认为美国和日本管理的重要区别不是所谓的“硬”技术方面，而是“软”文化方面。

大数据是 2010 年前后兴起的概念。2008 年年末，“大数据”得到部分美国知名计算机科学研究人员的认可，业界组织计算社区联盟 (Computing Community Consortium)，发表了一份有影响力的白皮书《大数据计算：在商务、科学和社会领域创建革命性突破》。2011 年 5 月，麦肯锡全球研究院发布了一份报告——《大数据：创新、竞争和生产力的下一个新领域》，这是专业机构第一次全方位地介绍和展望大数据，大数据开始备受关注。2012 年 3 月，美国奥巴马政府在白宫网站发布了《大数据研究和发展倡议》，该倡议被普遍认为是大数据已经成为时代特征的标志性事件。2013 年维克托·迈尔·舍恩伯格的畅销书《大数据时代》开始在国内风靡，加上涂子沛先生的《大数据：正在到来的数据革命》一书的流行，大数据正式进入中国大众的视野。

历史上的三次工业革命分别让人类跨进机械化、电气化和信息化时代，不断进步的生产技术在推动产业发展的同时，也推动着管理实践与管理理论的发展。如今，人类已进入机遇与挑战共存的大数据时代。面对百年未有之大变局的时代背景，管

理者需要跟上时代步伐，理解和把握技术变革趋势，顺应时代发展的潮流，走出新时代的管理之路。

1.2.2 信息技术发展与大数据变革

信息技术发展到今天，已经有 70 多年的历史，先后经历了几次浪潮。首先是 20 世纪六七十年代的大型机浪潮。当时的计算机体型庞大，计算能力也不强，应用范围非常有限。20 世纪 80 年代后，随着微电子技术和集成技术的不断发展，计算机各类芯片不断小型化，微型机浪潮兴起。20 世纪末，随着互联网的兴起，网络技术快速发展，由此掀起了网络化浪潮。智能设备的普及、物联网的广泛应用、存储设备性能的提高、网络带宽的不断增长，为大数据的产生提供了存储和流通的物质基础，而数据挖掘、机器学习等数据分析技术的发展则为大数据的广泛应用提供了技术支撑。

1.2.2.1 数据存储技术与大数据

数据存储具有典型的时代性特征。在文字尚未出现之时，绳子是最早的信息存储介质。东汉时期，郑玄在《周易注》中记载："古者无文字，结绳为约。事大，大结其绳；事小，小结其绳。"古人通过结绳记录事件与传递信息，但信息难以被准确、全面地记载。随着人类文明的进步，文字诞生，信息存储介质逐渐被龟甲、石碑、竹片、纸张等替代，信息的可读性大大提高。但这些介质都具有存储体积大、检索难度大、维护成本高的缺点。1900 年，打孔纸存储技术得到广泛应用，它以打孔的方式将信息记录于纸上，运用机器读取信息，大大便利了数据与信息存储，但每张纸的存储容量仅有 960 比特。

磁存储技术出现后，磁盘成为主要的存储介质，常见的磁存储介质包括磁带、磁盘、软盘等。过去，磁带存储容量较大且成本较低，普遍用于企业数据的存储。后来，磁盘的存储容量大大提升，为大数据的应用和发展提供了技术支撑。2006 年，为了充分发挥公司闲暇服务器的价值，亚马逊公司推出云存储服务。用户按存储容量需求付费，只要连接上互联网，即可随时随地读取、存储、修改数据。云存储技术为大数据存储提供了保障，让大数据有了更大的发展空间。

1.2.2.2 数据管理技术与大数据

互联网为人类形成了一个丰富的世界，大量的信息在互联网中产生、流传，最后被收集起来，成为对人类更加有价值的数据。由于大量数据被收集，其中不可避

免地会有一些敏感的数据（如个人隐私、公司财务信息），做好网络数据安全管理十分重要。数据管理技术有三个较为明显的发展阶段：传统管理阶段（以图书为主）、技术管理阶段（以通信技术为主）、资源管理阶段（以人文管理为主）。大数据在其中的后两个阶段都起到了十分重要的作用。

在技术管理阶段，大数据领域最重要的进步是数据库相关技术的发展。数据库技术使得大量的数据能够被存储下来，且调用数据的成本非常低，直接促进了大量企业进军数据分析行业。数据分析行业的进步，反过来又促进了数据库等相关技术的发展。大量数据被存储，为“大数据”时代的出现奠定了基础。2013 年被誉为中国大数据元年，不仅仅是因为大数据革命的概念开始在中国流行，更是因为中国已经走在数据爆炸式增长的时代前沿。2013 年，新浪微博每天都要产生超过 1 亿条的博客，百度则要处理超 10 亿次的搜索请求，这些都是大数据的雏形。大数据技术加持下的数据库能够实现非结构化数据获取与存储、多部门数据的共享和传输，解决了大数据时代的数据管理问题。

在资源管理阶段，大数据的发展达到全新水平。例如，企业可以借用数据管理工具和技术，将其中包含的有用信息提取出来，为管理和业务决策提供指导。数据因此成为企业一项十分重要的资源。目前，大数据在各行各业的作用与价值逐渐显现。例如，传统病历都以手写的形式记录，这种方式不仅存在不易保存的问题，也不利于病历信息在不同医院之间的流通。今天，借助语音识别技术，不仅可以直接将医嘱转为电子数据，还有助于患者信息流转与共享，从而为患者提供优质的医疗服务。

1.2.2.3　数据处理技术与大数据

数据处理技术主要指的是算力，是设备的数据处理能力，广泛存在于手机、个人计算机、超级计算机等各种硬件设备中。没有算力，设备的软硬件将无法正常使用。算力高低的影响非常巨大。以知名 3D 电影《阿凡达》为例，如果其后期效果渲染使用普通计算机完成，大约需要一万年；而如果使用超级计算机，大约只需要一年的时间。在数据大爆炸和算力成本大幅下降等双重因素影响下，世界算力资源迎来了爆发式增长。1946 年，世界上第一台通用计算机“埃尼阿克（ENIAC）”的计算速度是每秒 5000 次；而 2022 年上半年全球超级计算机 500 强榜单显示，美国超级计算机“前沿”位列榜首，是全球首台运算能力达每秒 100 亿亿次浮点运算的超级计算机。在此榜单中，中国共有 173 台超级计算机上榜，占全球的 34.6%，上榜总数蝉联第一。此外，榜单十强中有两台超级计算机来自中国，分别是位列第六的“神威・太湖之光”和第九的“天河二号”。

随着科学技术的不断发展，新一代量子计算机也逐渐出现在人们眼前。量子计算是利用诸如叠加和纠缠等量子现象进行计算的一种突破性计算技术，能够实现经典计算技术无法比拟的巨大信息携带量和超强并行计算处理能力。相较于传统计算机，量子计算机具有节省时间、体积小、集成率高、故障时的自我处理能力强等优点。随着量子比特位数的增加，其存储能力与计算能力也将呈指数级规模拓展，受到了世界各国和科技企业的广泛关注。

在国内团队中，北京量子院、清华大学、中国科学技术大学、南方科技大学等都在开展超导量子计算机的研发。浙江大学与中国科学院物理研究所团队在 2019 年 5 月 1 日宣布了 20 量子比特的实验工作。2021 年，中国科学技术大学团队制备了一个 62 量子比特的超导芯片，演示了量子随机行走算法。北京量子院制备了 56 比特的超导量子芯片，目前正在进行测试。

2021 年 10 月，中国科学技术大学的潘建伟等人与中国科学院上海微系统与信息技术研究所、国家并行计算机工程技术研究中心合作，成功构建 113 个光子 144 模式的量子计算原型机“九章二号”。它在求解高斯玻色取样数学问题上，比目前全球最快的超级计算机快 1 亿亿亿倍。

1.2.2.4 数据分析技术与大数据

数据分析离不开数据，而数据则往往离不开数字。人类很早就开始与数字打交道，其历史甚至可以追溯到数字发明之前。结绳记事是数字发明之前利用数据来解决问题的萌芽状态，它除了是信息的存储，也可以看成是最早的信息分析。但当时的人们缺乏这种意识，结绳只起到了简单的记忆作用。

随着人类对世界的认知越来越清晰，人们对数的概念逐步有了意识，最终出现了数字，这时人类有了更加抽象便利的工具来对数据进行计算，对信息进行分析。纸张的发明为人类提供了书写、记录工具。再后来，计算尺、算盘等计算工具的发明，使人类的计算能力有了极大的飞跃。人们可以处理更加复杂的信息，解决数据分析问题。

计算机出现之后，尤其是电子表格软件出现之后，信息分析就更加容易了。大家熟知的 Excel 电子表格软件就可以用于常规和复杂的信息分析工作，如数据处理与数据可视化。随着移动互联网的发展，信息量、数据量呈指数级增长，其形式也更加多样化；与此同时，信息的分析要求也越来越高，许多大数据信息分析工具和产品应运而生，如用于大数据挖掘的 R Hadoop、基于 MapReduce 开发的数据挖掘算法等，通过以大数据、人工智能技术为核心的分布式计算平台，可以为企业提供强大的数据分析环境。

随着大数据分析技术的发展，数据分析有了更加丰富的应用场景。数据在企业经营中发挥着更加重要的作用，数据分析技术也成为企业发展的重要助力。

1.2.3 大数据相关技术

1.2.3.1 云计算

云计算(Cloud Computing)的定义有很多种，目前最为人们所熟知的是：云计算是一种资源利用模式，它能以简便的途径和以按需使用的方式通过网络访问可配置的计算资源(网络、服务器、存储、应用、服务等)，这些资源可快速部署，并能以最小的管理代价或只需服务提供商开展少量的工作就可实现资源发布。这一定义以技术化的语言较为全面地概括了云计算的技术特征。

云计算与大数据关系密切。首先，两者之间存在一定差别。云计算面向的对象主要是应用和互联网资源等，侧重点是硬件资源的虚拟化；而大数据的对象是数据，侧重点是海量数据处理。大数据和云计算之间虽有差别，但二者还是相辅相成的。一方面，云计算既是大数据分析的服务支撑，也是大数据分析技术的平台。大数据对海量数据的分析无法用单台计算机进行处理，必须采用分布式架构，云计算的分布式数据库、云存储、虚拟化技术等，恰好满足了大数据处理的需求。另一方面，大数据的趋势之一是对海量数据进行实时查询、分析，为云计算提供有价值的信息，使云计算能够与行业更好地结合并发挥作用。此外，大数据的信息隐私保护是云计算快速发展和运用的重要前提。

总的来说，大数据与云计算二者之间密不可分。如果将大数据的应用比作一辆辆“汽车”，支撑起“汽车”运行的“高速公路”就是云计算，而“汽车”则为“高速公路”提供了价值。云计算应用需要大数据的数据才能充分发挥价值，而大数据技术依托云计算才能更好地落地应用。

1.2.3.2 物联网

物联网(Internet of Things)指的是基于传感技术的物与物、人与物以及人与人相连的动态信息共享网络。物联网与大数据之间的关系密切。物联网涉及各种配件、设备和机器等，这些传感器之间可以相互连接和收集大量数据。首先，存储这些数据需要大数据存储技术；其次，物联网应用过程会产生庞大的数据，需要依靠大数据技术从这些数据中筛选出重要的、有价值的内容。

作为新型数字基础设施的重要组成部分，物联网正在与大数据技术深度融合。例如，物联网和大数据已经开始被用于生产制造、现代农业、电力、医疗、交通、

环境保护等领域，正在形成智能制造、智慧农业、智慧电网、智能医疗、智能交通及智慧环保等新兴场景，形成了一系列具有领域特色的应用系统和产业集群，有望深刻改变技术产业体系，推动数字经济快速发展，开启万物智慧连接的新阶段。

总的来说，大数据与物联网之间相得益彰、相互促进，已经进入人们工作、生活的各个领域。两者的融合正在显著改变人类生活、生产与发展方式，成为人们工作、生活不可或缺的组成部分。

1.3 大数据相关政策与战略

大数据已经成为重要的资源禀赋和经济发展要素，渗透到不同行业的方方面面。对大数据的科学运用已经成为国家竞争力的重要组成部分。世界主要国家已经竞相出台大数据相关政策与发展战略，强化政府自身对数据的开发和利用，积极推动大数据产业的发展和大数据在全社会的应用。本节将梳理全球范围内主要国家的大数据发展政策与战略，向读者介绍大数据相关政策的发展历程、趋势与潜在影响。

1.3.1 国外的大数据发展政策与战略

“开放数据(Open Data)”即开放政府数据，开放数据的对象是政府、企业和个人，开放的内容包括公共机构产生、收集或支付的所有信息，政府资助的研究项目数据，数字图书馆，政府、企业、个人的基础信息及网上办事信息等。开放数据意味着这些公共数据可以随时访问和咨询，是大数据兴起之前欧美国家实施的重要数据利用战略。

1.3.1.1 开放数据实践

政府数据开放运动起源于美国。20 世纪 80 年代，发生在美国的“软件开源运动”引发了民众对数据开放的关注。越来越多的人认识到数据开放的政治、经济和社会价值。2009 年 1 月，时任美国总统奥巴马签署了开放和透明政府备忘录，要求建立更加开放透明的政府。2009 年 12 月，美国发出开放政府令，指示联邦政府各机构打开大门为美国公众提供数据，并于同年开通 Data.gov 网站。2009 年 12 月，英国政府发布题为“第一要务：智慧政府”(Putting the Frontline First: Smarter Government)的报告。2010 年 5 月，澳大利亚政府发布了“开放政府宣言”，要求增加政府的透明度。

1. 欧盟开放数据战略

进入 21 世纪后，欧盟针对信息社会的一系列战略，奠定了今天开放数据战略的社会基础，形成了多层次、多元化的战略生态框架。2005 年，欧洲透明度行动倡议为开放数据战略打下基础，其目的在于建立信息再利用、包括监管公共部门的共同法律框架，消除公共信息垄断和不透明障碍。2010 年 11 月，欧盟通信委员会向欧洲议会提交了“开放数据：创新、增长和透明治理的引擎”的报告，报告以开放数据为核心，制定了应对大数据挑战的战略。2011 年 11 月，欧盟明确地提出了开放数据战略。欧盟开放数据战略不再是一个孤立战略，而是欧盟信息社会战略框架中的一部分，又是其更新与延伸。

此后，欧盟的开放数据战略由三个已经形成的战略生态支持：第一是里斯本战略、欧盟 2020 战略构成的长期经济发展战略，为开放数据战略实施提供了良好的经济发展接口；第二是 2002—2005 年的电子欧洲行动计划、2007 年的欧洲电子共融倡议、欧盟 i2010 战略及 i2010 电子政务行动计划等构成的信息社会行动计划战略，分别在不同阶段推动了欧盟信息社会的持续发展；第三是数字议程、第一至第七战略框架、地平线 2020、欧洲互操作战略、与欧洲互操作框架构成的新技术研发战略等，为开放数据战略提供了新的技术支持与应用。

纵观欧盟开放数据战略脉络不难发现，欧盟应对大数据时代的思路是：

(1) 构建开放透明政府，确保社会公众获取及再利用大数据的权利。

(2) 开放数据，提供创新资本。通过释放形成数据扩散，为创新与数据再利用提供资本。

(3) 政策支持，提供创新环境。促进大数据及其相关技术在经济中的应用，创造新的价值。从这一点看，欧盟开放数据战略起到了引导、促进和扩散创新的作用。

(4) 协调合作，提供开放数据的整合框架。欧盟开放数据战略也是成员国的治理框架，这种框架对成员国政策的制定、交流、突破性创新发展形成了良好的支持。欧盟开放数据战略说明，没有开放数据，就没有创新，也就没有国家发展的机遇。

2. 国外开放政府数据经验

开放政府数据是逐渐推进的过程。随着数据开放进程的发展，相关指导措施、政策法规和制度保障逐渐完善。美国、英国、加拿大及欧盟政府数据开放推进过程如表 1-1 所示。

表 1-1　美国、英国、加拿大及欧盟政府数据开放推进过程

国家	政府数据开放推进过程
美国	2009 年奥巴马政府发布开放政府指导文件，为联邦政府的政务公开化、透明化和协作化指明发展阶段。2011 年启动开放政府战略的第二阶段，发布开放政府合作伙伴计划，与全球 46 个国家政府携手推动政府透明化。2013 年，开放政府第三阶段，要求政府部门将政务数据内部索引、所有能够公开的数据清单公示。2013 年 12 月 5 日发布的《开放政府合作伙伴——美国第二次开放政府国家行动方案》。2014 年 5 月，发布了《G8 开放数据宪章——美国行动计划》，内容包括以机器可读的、可发现的方式公开数据，与社会、机构、公众沟通来明确应该优先公布哪些数据集，开放高价值数据集等
英国	2010 年 1 月，Data.gov.uk 上线。2012 年，推动建立“开放数据研究所”研究如何利用和挖掘公开数据的商业潜力，并为英国公共部门、学术机构等方面的创新发展提供“孵化环境”，同时为国家可持续发展政策提供进一步的帮助。2013 年 11 月，发布了《G8 开放数据宪章——英国行动计划》，内容包括未来几年继续以机器可读的方式公开数据，与社会、机构、公众沟通来明确应该优先公布哪些数据集，开放高价值数据集，建立国家级信息基础设施等。2014 年 12 月，发布《2015 年英国开放数据线路图》，包括继续建立有效的开放数据战略，开放更多和经济、环境、社会相关数据，支持开放数据再利用
加拿大	2011 年 3 月，门户网站建立。2012 年 4 月，发布开放数据三年行动计划，包括收集数据、建立平台标准、开放新的门户网站、建立数据标准等。2013 年 6 月，门户网站改版升级。2014 年 9 月，发布了《G8 开放数据宪章——加拿大行动计划》，内容包括发布高价值数据集，保证所有数据从门户网站发布，鼓励数据创新，与其他国家分享经验等。2014 年 11 月，发布了《2014—2016 年开放政府行动计划》，提出建立无障碍的开放数据
欧盟	2010 年 11 月由欧盟委员会首次提出“开放数据战略”，2011 年 12 月欧盟数字议程正式推进。2012 年开通开放数据门户网站。在 2013 年实施一站式门户网站试点，其网站包含多国语言界面和服务，支持整个欧盟数据的搜索。2013 年所有成员国必须完成数据政策的制定和实施，建立公共数据门户网站，并在 2015 年实现与欧洲数据门户网站的对接

通过分析国外开放政府数据进程中的共同点与差异点，可以得到以下建设经验。

首先，开放数据是一项长期、复杂的行政活动，需要成立专门的机构，为数据开放提供组织保障，保证开放数据的连续性。例如，英国成立了数据开放研究所、数据战略委员会和公共数据小组。其中，数据开放研究所负责开放数据的推广工作，致力于开放数据价值的挖掘和再利用。数据战略委员会负责为开放数据提供专业建议，推动英国制定数据开放政策，也负责推广有代表性的案例。公共数据小组主要负责数据的收集、分析和对数据进行管理。内阁办公室是英国开放数据的总协调机构，监督各部门开放数据，制定宏观政策。各个机构之间明确分工与责任，彼此之间相互配合，有条不紊地推进数据开放。

其次，需要制订详细的发展计划，通过政策合理分配职责权限，以确保稳步推进数据开放。2009 年 12 月，美国发布的《开放政府指令》明确了联邦政府各个部门在规定期限内要完成的具体任务和评价标准。例如，45 天内每个部门至少公开 3 个高价值数据集；60 天内所有部门必须建立开放政府网页，及时更新政府活动内容。在保证政府网站数据集数量的情况下，实现各部门数据开放的常态化，从而快速推

进开放数据工作。

最后，政府需要重视社会力量的参与，建立社会力量合作机制，营造开放数据合作环境。2011 年 9 月，美国、英国等 8 个国家联合签署《开放数据声明》，成立“开放政府合作伙伴”，旨在通过加强政府透明度、鼓励公民参与、整治腐败、加强新技术研发等方面的努力，进而提高治理质量。2013 年《G8 开放数据宪章》明确了 5 大原则、14 个重点开放领域和 3 项共同行动计划，此后各国全部按照宪章的要求展开大数据开放行动。为了保持不同国家间元数据的互操作性和一致性，G8 集团成员国之间共同构建元数据方案，为开放政府数据营造了良好的国际环境。

1.3.1.2 大数据战略

随着大数据在全球范围内的影响日趋重要，世界各国都非常重视大数据发展，纷纷出台相关战略与政策，抢占大数据发展先机。表 1-2 简要汇总了美国、韩国、日本、欧盟的大数据战略。

表 1-2 国外主要国家的大数据战略

国家	战略
美国	稳步实施“三步走”战略，打造面向未来的大数据创新生态
韩国	以大数据等技术为核心应对第四次工业革命
日本	开放公共数据，夯实应用开发基础
欧盟	完善了大数据经济的基础制度，规范大数据所产生的利益如何公平分配问题

1. 美国

针对大数据发展布局，美国发布了四轮政策。第一轮是 2012 年 3 月，白宫发布《大数据研究和发展计划》，成立了“大数据高级指导小组”。第二轮是 2013 年 11 月，白宫推出“数据-知识-行动”计划，进一步细化了大数据改造国家治理模式、促进前沿创新、提振经济增长的路径，这是美国向数字治国、数字经济、数字城市、数字国防转型的重要举措。第三轮是 2014 年 5 月，美国总统办公室提交《大数据：把握机遇，维护价值》政策报告，强调政府部门和私人部门紧密合作，利用大数据最大限度促进增长，减少风险。第四轮是 2016 年 5 月，白宫发布《联邦大数据研发战略计划》，在已有基础上提出美国下一步的大数据发展战略。

与四轮政策同步，美国开始形成大数据发展的“三步走”战略，争取在技术研发和应用方面都走在世界前列。第一步，快速部署大数据核心技术研究，积极开发大数据的应用场景。例如，2012 年白宫发布《大数据研究的发展计划》，强调提升从数据中挖掘价值的能力。第二步，调整政策框架与法律规章。2014 年美国发布《大数据：把握机遇，维护价值》政策报告，积极应对大数据发展带来的隐私问题。第

三步，2016 年美国发布《联邦大数据研发战略计划》，从技术可行度、基础设施、数据开放与共享等 7 个维度，打造全新的大数据创新生态系统。

2. 韩国

从 2011 年到 2013 年，韩国相继成立了多个数据库、制定了多项国家级别的大数据发展计划，如“英特尔综合数据库”“培育 1000 家大数据、云计算系统相关企业”的国家级大数据发展计划等。韩国一直以数据为发展核心，近年来发布了多项与大数据战略相关的政策。例如，2020 年 11 月 25 日，通过科技信息通信部发布数字新政推进计划，并介绍“人工智能国家战略”的成果，强调政府将重点推进“数字大坝”、智能政府和国民安全社会间接资本数字化等核心项目；2021 年 5 月 10 日，韩国成立了国家专利大数据中心；2021 年 12 月 20 日，韩国发表声明称，将在“数字大坝”中打造多个支持人工智能的数据库，投入 45 万亿韩元，进一步推动数字经济的发展。

3. 日本

2013 年 6 月，日本公布新 IT 战略——《创建最尖端信息技术国家宣言》，明确了 2013—2020 年期间以发展开放公共数据为核心的日本新 IT 国家战略。这一国家战略，旨在把日本建成具有“世界最高水准的广泛运用信息产业技术的社会”。在实际应用中，日本的大数据战略已经发挥了重要作用。例如，日本防卫省从 2015 年正式将大数据运用于海外局势的分析。这一举措作为自卫队海外活动扩大背景下的新方案，旨在强化情报收集能力。2019 年 6 月，在大阪举办的二十国集团（G20）峰会上，日本提出将致力于推动建立新的国际数据监督体系和 G20“大阪路径”。

4. 欧盟

欧盟地区大数据产业战略布局较早。2010 年 3 月，欧盟委员会公布了《2020 战略》，认为数据是最好的创新资源，开放数据将成为推动就业和经济增长的新工具。2012 年 10 月，欧洲委员会提出《云计算发展战略及三大关键行动建议》，该建议进一步规范和简化了云计算标准，建立了欧盟云计算伙伴关系。2013 年，欧盟正式启动“欧盟 2020 发展战略”，其中的主要操作工具“地平线 2020”重新设计了整体研发框架，统一了旗下所属的各个资助板块，在保留合理政策的同时，简化难以操作或重复烦琐的项目申请及管理流程。2014 年，欧盟专门发布了“数据驱动经济战略”，大数据成为欧盟经济单列行业，为欧盟的经济增长和扩大就业做出了巨大贡献。

在全球数字经济和信息技术迅猛发展的背景下，欧盟《数据法》草案于 2022 年 2 月 23 日由欧盟委员会通过。该草案是欧盟为了落实 2020 年 2 月颁布的《欧盟数据战略》所采取的第二项立法行动（第一项是欧盟于 2020 年 11 月颁布的《数据治

理法》草案)。在全球竞争日益激烈的环境下，这些战略通过促进欧盟中小企业参与数字经济，创设了统一的欧洲数据空间和数据市场，为欧盟在世界争取了较高的地位，也反映出欧盟意图成为大数据方面的世界领导者。此外，欧盟的部分成员国也对大数据战略进行了部署，如德国发布了《数字德国 2015》、法国发布了《数字化路线图》等。

1.3.2 我国的大数据发展政策

我国高度重视大数据带来的机遇与挑战。2014 年，“大数据”被首次写入《政府工作报告》，成为各级政府关注的热点。政府数据开放共享、数据流通与交易、利用大数据保障和改善民生等概念逐渐深入人心。此后，国家相关部门出台了一系列政策，鼓励大数据产业发展。表 1-3 汇总了近年来我国与大数据相关的主要政策文件(部分)。

表 1-3 我国与大数据相关的主要政策文件(部分)

时间	政策文件	亮点
2015 年 7 月	《关于运用大数据加强对市场主体服务和监管的若干意见》	充分运用大数据、云计算等现代信息技术，提高政府服务水平，促进市场公平竞争，释放市场主体活力，进一步优化发展环境
2015 年 8 月	《促进大数据发展行动纲要》	加快在国家层面对大数据发展进行顶层设计，推动经济转型升级，促进创业创新
2016 年 1 月	《农业农村大数据试点方案》	推进涉农数据共享，开展省级农业农村大数据中心建设
2016 年 1 月	《关于组织实施促进大数据发展重大工程的通知》	开展产业发展大数据应用，在重点行业与领域提升大数据应用，实施大数据开放行动计划
2016 年 6 月	《关于促进和规范健康医疗大数据应用发展的指导意见》	夯实健康医疗大数据应用基础，全面深化健康医疗大数据应用
2016 年 12 月	《大数据产业发展规划(2016—2020 年)》	提升我国对大数据的“资源掌控、技术支撑和价值挖掘”三大能力
2017 年 4 月	《云计算发展三年行动计划(2017—2019 年)》	支持企业和第三方机构创新云安全服务模式，推动建设基于云计算和大数据的网络安全态势感知预警平台，实现对各类安全事件的及时发现和有效处置
2017 年 5 月	《政务信息系统整合共享实施方案》	推动分散隔离的政务信息系统加快进行整合，促进重点领域信息向各级政府部门共享
2018 年 4 月	《推动企业上云实施指南(2018—2020 年)》	考虑企业行业领域及业务特点，灵活实施各类云服务
2019 年 2 月	《关于加强绿色数据中心建设的指导意见》	建立健全绿色数据中心标准评价体系和能源资源监管体系
2020 年 5 月	《关于工业大数据发展的指导意见》	推动工业数据全面采集，加快工业设备互联互通，推动工业数据高质量汇聚，统筹建设国家工业大数据平台，推动工业数据开放共享，激发工业数据市场活力，深化数据应用，完善数据治理
2021 年 5 月	《全国一体化大数据中心协同创新体系算力枢纽实施方案》	明确提出布局全国算力网络国家枢纽节点，启动实施“东数西算”工程，构建国家算力网络体系
2021 年 11 月	《“十四五”大数据产业发展规划》	提出“以释放数据要素价值为导向，以做大做强产业本身为核心，以强化产业支撑为保障”的路径设计，推动工业经济向数字经济转型

我国大数据政策的发展历程可以划分为 4 个阶段：预热阶段、起步阶段、落地阶段、深化阶段(见图 1-3)。

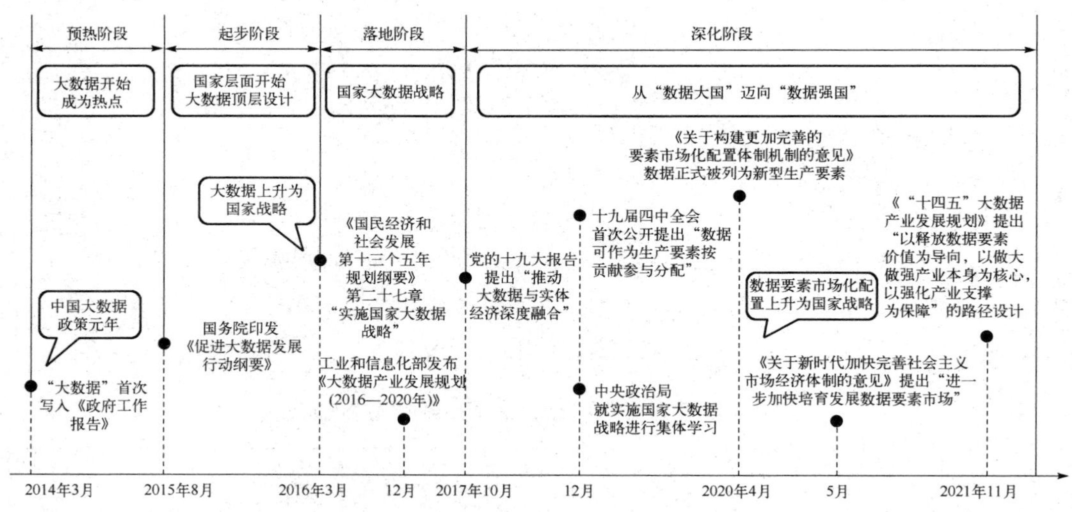

图 1-3　我国大数据政策的发展历程

2013 年被认为是我国的大数据元年。2014 年 3 月，“大数据”被首次写入《政府工作报告》(见图 1-3 时间轴的起点位置)，“大数据”开始出现在官方文件并成为社会热点。2015 年 8 月国务院印发《促进大数据发展行动纲要》，开始从国家层面对大数据发展进行顶层设计和统筹布局，明确提出数据已成为国家基础性战略资源，产业发展开始起步。2016 年 3 月，《国民经济和社会发展第十三个五年规划纲要》正式提出“实施国家大数据战略”。工业和信息化部在同年 12 月发布《大数据产业发展规划(2016—2020 年)》，大数据与包括实体经济在内的行业融合成为热点。2017 年 10 月，党的十九大报告提出“推动大数据与实体经济深度融合”；同年 12 月，中央政治局就实施国家大数据战略进行集体学习。十九届四中全会首次公开提出“数据可作为生产要素按贡献参与分配”，国内大数据产业开始全面、快速发展(见图 1-3 中的深化阶段)。

随着国内相关产业体系日渐完善，大数据与行业的融合应用逐步深入，我国的大数据战略开始走向深化。2020 年 4 月 9 日，中共中央、国务院发布《关于构建更加完善的要素市场化配置体制机制的意见》，数据正式被列为新型生产要素。同年 5 月 18 日，中央在《关于新时代加快完善社会主义市场经济体制的意见》中提出“进一步加快培育发展数据要素市场”。2021 年 11 月，《“十四五”大数据产业发展规划》提出“以释放数据要素价值为导向，以做大做强产业本身为核心，以强化产业支撑为保障”的路径设计，意味着数据已经不仅是一种产业或应用，还是经济发展赖以依托的基础性、战略性资源（见图 1-3 中深化阶段）。近年来，在政府相关政策的大力支持下，大数据行业逐渐成为热门行业，被社会各界高度重视。

1.3.3　我国的大数据战略实践

数据是数字经济时代的关键生产要素，是国家的基础性战略资源，是推动经济社会高质量发展的重要引擎。工业和信息化部发布的《“十四五”大数据产业发展规划》指出，要立足推动大数据产业从培育期进入高质量发展期，提出到 2025 年年底，大数据产业测算规模突破 3 万亿元的增长目标。大数据战略在我国经济社会发展中占据重要地位，具有巨大的时代意义。下面分别介绍数字中国、农业大数据平台、“东数西算”工程和数字经济等近年来我国主要的大数据战略实践。

1.3.3.1　数字中国

围绕“数字中国”，近年来我国大力发展新基建，加快推动数字产业化的进程，为数字经济蓬勃发展奠定了坚实基础，释放出了更大的增长潜力和活力。在这样的大背景下，我国政府于 2021 年发布了《国民经济和社会发展第十四个五年规划和 2035 年远景目标纲要》（以下简称《“十四五”规划纲要》），提出建设“数字中国”的国家战略，并对加快建设数字经济、数字社会、数字政府，营造良好数字生态做出了明确部署。

通过对政策的解读与分析，可以清晰地看到我国大数据战略的两个侧重点。首先是加大技术研发方面的投入。2018 年以来，我国在科技产业领域开始频繁遭遇关键技术“卡脖子”等难题。考虑到国际范围内科技竞争日趋激烈，诸如物联网、纳米技术、人工智能、新能源、新材料等关键行业与领域将会是竞争的中心，《“十四五”规划纲要》明确指出将继续支持“战略性创新创造项目计划”，继续推进开放与合作，推动我国数字经济的国际化发展。

其次是深化大数据技术与行业的融合与应用。《“十四五”规划纲要》明确指出将“加快建设数字经济、数字社会、数字政府”。具体来说，国家将致力于建设智慧便捷的公共服务、智慧城市以及数字乡村等，加强人工智能、云计算、物联网、区块链等新技术与现代服务业深度融合，从而实现对全新数字生活图景的构建。另外，在治理水平方面，大数据可以提升国家治理水平，提升政府的数字化服务水平，有助于实现城乡之间的区域协调发展，构建资源节约型、环境友好型社会；在坚持促进发展和监管规范两手抓原则的基础上，强化我国现代化数字经济治理体系的建设。

1.3.3.2 农业大数据平台

农业是第一产业，也是我国国民经济的基础，更是最基本的物质生产部门。在市场经济不断发展的条件下，如何“坚决守住 18 亿亩耕地红线，把中国人饭碗牢牢端在自己手中”是当前农业面临的问题。以大数据、物联网、云计算、人工智能技术为手段，建立农业大数据平台可以有效整合农业生产、管理、服务领域的涉农资源，实现农业生产指导、政府监督决策和社会公众服务的数字化、智能化，为实施数字乡村战略提供有力支撑，助力乡村振兴发展。

新兴信息技术已经被广泛用于乡村振兴和水土资源管理。以四川省为例，该省正在积极利用遥感卫星和大数据治理水土流失。四川省使用遥感卫星对水土流失进行动态监测，通过室内遥感影像解译、室外复核验证以及模型计算等方式，精确了解全省年度水土流失状况以及不同年度之间的动态变化，为水土流失防治、产业结构优化、生态环境改善及可持续发展提供了决策依据。在遥感卫星和大数据的助力下，2011—2021 年，四川省的水土流失面积和强度“双下降”，水蚀、风蚀面积也呈“双下降”趋势，各流域的水土流失状况持续改善。

农业大数据平台的主要应用有两个方面。首先是农业的生产种植方面，从选种、播种、种植到收获，每一个环节都会产生大量的数据。运用大数据技术对以上数据整合分析，从而实现合理指导农业种植生产的目的。

以北京市顺义区为例，全区 4100 余栋蔬菜大棚和 150 块露天菜田都已建成“数字菜田”，充分实现了农业生产种植的智能化。“数字菜田”设置了大棚环境监测设备、农田小型环境气象站、自动化环境控制系统、水肥一体化控制系统等，这些设备会 24 小时采集农作物的生长数据以及光照强度、土壤湿度、二氧化碳浓度等环境数据，各类数据信息将传至“数字菜田综合信息服务平台”。种植户通过手机、计算机等终端设备可以实时监测大棚作物需要的生长条件，还能智能控制各设备的工作状态，实现数字化管理，助力蔬菜种植实现降本增效的目标。

不仅如此，通过“数字菜田综合信息服务平台”，还可以准确掌握农作物生长发育周期性环境数据，及时提供病虫害等异常预警信息服务，实现农业生产种植的在线化和数据化。“数字菜田”的监管中心、农情监测指挥中心等也会帮助生产管理实现数字化实时监管，协助农业农村局指导农业生产。目前，顺义区将全区近 100 家蔬菜种植经营主体的 152 个园区纳入“数字菜田综合信息服务平台”管理，全区已实现菜田信息化建设覆盖面积近 2.5 万亩，信息化应用覆盖率达到 40%以上。

其次是农产品销售方面。电子商务的发展，使得农产品能够乘上信息技术飞速发展的东风，借助网络销售平台及现代化物流体系，更加便捷地走向广大消费者，

从而助力农产品走出田间、走向餐桌，助力农民富裕、乡村振兴。

颐和莊果园是农产品数字化销售的典范。颐和莊果园位于广东省佛山市三水南山镇，是一个面向龙眼种植与销售的公益助农项目。在完成前期智能农场改造的基础上，项目组于 2021 年 4 月成立了电子商务团队，尝试线上销售。他们依托电子商务平台大数据进行分析，最终确认了产品定价、目标消费人群和差异化卖点等多方运维要素；在淘宝和拼多多两大电子商务平台上线“颐和莊果园批发店”店铺，构建了颐和莊果园线上销售渠道，为果园提供更加多样立体的销售手段；通过数据分析，确认 20 点至 22 点及 23 点至 24 点为主要消售时间段，并将这些时段作为店铺直播预售、达人带货、裂变推广营销及精准信息流投放等的主推时间。经过团队的不断尝试，最终把颐和莊果园打造成了原生态、无添加、无公害的绿色富硒龙眼形象。

总之，农业大数据是未来我国农业发展的趋势。将大数据与农业结合可以提高农业资源的利用效率，优化农业生产流程，进而提升生产效率，扩大农产品的销售渠道和提高农民收入，助力我国实现数字乡村及乡村振兴计划。

1.3.3.3　东数西算

2021 年 5 月，国家发展和改革委员会同有关部门研究制定了《全国一体化大数据中心协同创新体系算力枢纽实施方案》，首次提出“东数西算”工程。此后，国务院发布的《“十四五”数字经济发展规划》，再次将其作为一个重要章节进行阐述。“东数西算”成为我国大数据领域的又一项重要工程。“东数西算”和“南水北调”“西电东送”相似，都是从全国角度进行一体化布局，优化资源配置，提升资源使用效率。

“东数西算”工程是指通过构建数据中心、云计算、大数据一体化的新型算力网络体系，将东部算力需求有序引导到西部，优化数据中心建设布局，促进东西部协同联动。“东数西算”中的“数”，指的是数据，“算”指的是算力，即对数据的处理能力。我国西部地区资源充裕，特别是可再生能源丰富，具备发展数据中心、承接东部算力需求的潜力，“东数西算”工程就是让西部的算力资源更充分地支撑东部数据的运算，更好地为数字化发展赋能。实施“东数西算”工程具有重要意义。

首先，有利于实现东西部地区算力资源的再平衡，优化算力在全国范围内的配置。目前，我国的数据中心大多分布在东部地区。由于土地、能源等日趋紧张，在东部继续大规模发展数据中心将难以为继。

其次，有利于实现能源有效利用，落实“双碳”政策背景下数据中心产业的绿色发展导向。由于数据中心的能源消耗巨大，继续布局东部不仅面临着成本运营压力，还可能存在与其他实体组织竞争能源的压力。我国西部地区能源丰富，且未来

新能源占比还将进一步提升。因此，实施“东数西算”工程有望平衡算力和能源的布局，降低全国数据中心的总成本，同时消化西部的新能源供给。

最后，通过算力基础设施建设，带动产业数字化应用的全面发展。“东数西算”工程有望依托算力基础设施的建设，带动产业数字化应用的全面发展，形成更加丰富的示范场景和应用。

1.3.3.4 数字经济

数字经济又被称为互联网经济、网络经济、新经济，泛指以数字资源作为关键生产要素、以现代信息网络作为重要载体、以信息通信技术的有效使用作为效率提升和经济结构优化推动力的一系列经济活动。从产业分类的角度，数字经济分为数字产业化和产业数字化两个方面。数字产业化指信息技术产业的发展，包括电子信息制造业、软件和信息服务业、信息通信业等与信息通信本身直接相关的产业。产业数字化指以新一代信息技术为支撑，通过对传统产业及其产业链上下游全要素的数字化改造，实现产业的数字化赋值、赋能。

我国政府高度重视数字经济的发展。习近平总书记强调，“要加快建设数字中国，构建以数据为关键要素的数字经济，推动实体经济和数字经济融合发展”。随着《网络强国战略实施纲要》《数字经济发展战略纲要》等政策文件落地，从国家层面部署推动数字经济发展取得了一系列成效。数据显示，2012—2021 年，我国数字经济规模从 11 万亿元增长到 45.5 万亿元，数字经济占国内生产总值比重由 21.6%提升至 39.8%。《全球数字经济白皮书(2022 年)》显示，数字经济已成为驱动中国经济高质量发展的新引擎，在基础设施方面，以互联网为核心的新一代信息技术正逐步演化为人类社会经济活动的基础设施，并将对原有的物理基础设施完成深度信息化改造，从而极大突破沟通和协作的时空约束，推动新经济模式的快速发展。

在数字经济的产业背景下，信息技术将通过重构商业模式、提高劳动生产率、促进产业升级、推动大众创业、创造就业能力五个途径推动传统社会的发展。第一，数字经济背景下，新型交易、消费模式(如共享经济模式)的产生重新定义了传统的用户消费模式，区块链技术出现、移动支付盛行等也将催生经济发展新模式。第二，企业可以借助信息技术促进业务流程的改造与优化，也可以通过大数据、物联网等新兴技术提升企业的生产能力，从而有效提升企业的劳动生产率。第三，数字经济逐步渗透到制造业的各个环节，这将有效促进制造业的变革，带动产业的数字化改造与升级，推动我国制造业向微笑曲线的两端演进。第四，数字经济重构了商业模式，使得创业门槛大大降低，这将推动大量中小企业诞生；数字经济构建了适合中小企业发展的创新土壤，给中小企业带来众多的创新机会，能够有效推动我国中小企业进一步发挥作用，大大提升中小企业的劳动生产率。第五，数字经济通过信息技术创新满足城市化的各种服务，将为产业带来更加精细的分工，催生众多的就业岗位，满足城镇化人口转移带来的就业需求。

课后习题

1. 请基于现象、技术、管理三个视角，解释大数据是什么。

2. 大数据可能的应用领域有哪些？请举例说明。

3. 支撑大数据发展的技术有哪些？请简述这些技术及要点。

4. 请列出我国的大数据战略实践，并以其中的一项为例，分析这项战略对自己所学专业的影响。

课后案例

“东数西算”工程与我国东西部产业布局

近年来，随着各行业数字化转型升级进度加快，全社会数据总量呈爆发式增长，对数据存储、计算、传输、应用的需求大幅提升。从全国来看，我国算力资源分布存在“东部紧缺、西部过剩”的问题，且西部受限于网络带宽、电网配套滞后等原因，使东西部在数据要素配置上的差异加剧。

正是在上述背景下，我国启动了“东数西算”工程。2022年2月，国家发展和改革委员会同有关部门联合复函，同意在京津冀、长三角、粤港澳大湾区、成渝、贵州、内蒙古、甘肃、宁夏8地启动建设国家算力枢纽节点，并规划设立了10个国家数据中心集群。截至2022年10月，全国10个国家数据中心集群中，新开工数据中心项目达60余个，新建数据中心规模超110万标准机架，项目总投资超4000亿元。其中，西部地区投资比去年同期增长6倍，投资总体呈现由东向西转移的良好趋势。至此，我国正式拉开了构建全国一体化大数据中心体系建设的大幕。

所谓“东数西算”，就是让西部的算力资源更充分地支撑东部数据的运算。但在“东数西算”工程中，不是所有的数据都要“西算”。真正需要“西算”的是后台加工、离线分析、存储备份等对时延要求相对宽松的领域数据，而工业互联网、金融证券、灾害预警、远程医疗、视频通信、人工智能推理等对时延要求严苛的数据，则放在靠近需求市场的东部算力枢纽节点。通过全国一体化大数据中心体系建设，扩大算力设施规模，促进由东向西梯次布局、统筹发展，将提高算力使用效率，实现全国算力规模化、集约化发展。

除此之外，数据要素也会随着“东数西算”工程的开展逐渐流通，推动实现关键领域，特别是民生领域数据要素的一体化。例如，我国目前正在建设“国家数据共享交换平台”，国务院办公厅已经在2022年10月5日发布《关于扩大政务服务“跨省通办”范围 进一步提升服务效能的意见》，明确提出：“推动更多直接关系企业和群众异地办事，应用频次高的医疗、养老、住房、就业、社保、户籍、税务等领域的数据纳入共享范围，提升数据共享的稳定性、及时性”。要实现与企业发展、群众生活密切相关的高频政务服务事项等的“跨省通办”，就离不开“东数西算”工程提供的存储和算力支持。

总的来说，实施“东数西算”工程具有重要意义。这项工程有利于推动数据中心的合理布局、优化供需、绿色集约和互联互通，提升我国的整体算力水平，实现全国算力规模化、集约化发展，推动区域协调发展，推进西部大开发形成新格局。

阅读上述案例，结合章节及课外相关材料，请思考和回答下列问题：

1.“东数西算”工程对东西部产业布局有什么影响？

2.“东数西算”工程为我国的大数据发展带来怎样的影响？

3.“东数西算”工程除了对大数据产业带来影响，还为其他产业带来了哪些战略意义？

第2章

理解大数据

课前导读

本章主要介绍大数据的定义、大数据的特征、传统数据与大数据的区别、大数据的主要来源、常见的数据类型以及数据价值。重点从特征和应用模式两个角度，分析传统数据与大数据的区别，介绍结构化数据、非结构化数据、半结构化数据及其之间的转换方式，结合例子从三个方面论述数据对企业的潜在价值。本章通过理论与案例相结合的方式帮助读者更加深刻地理解大数据的内涵与价值。本章内容组织结构如图2-1所示。

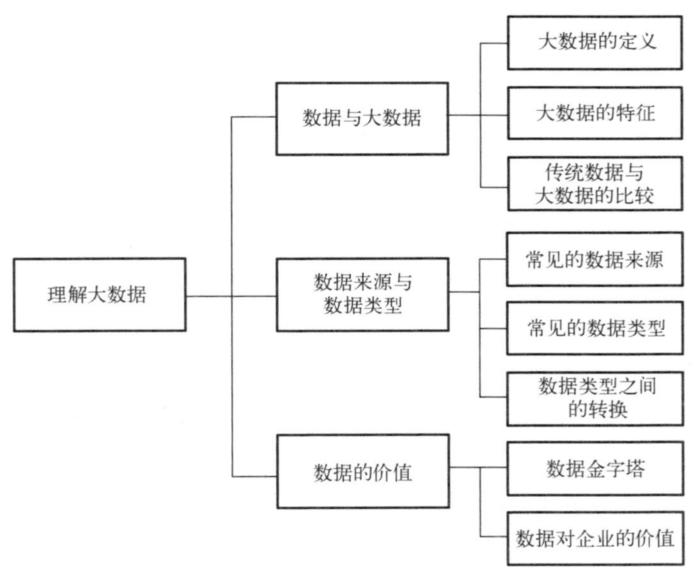

图2-1　本章内容组织结构

学习目标

目标1：理解大数据的内涵与外延。

目标 2：熟悉企业数据来源。

目标 3：理解数据类型的含义及编码。

目标 4：能够完成数据类型之间的转换。

目标 5：理解数据对企业的价值。

本章重点

重点 1：大数据的特征。

重点 2：数据金字塔。

重点 3：数据类型与转换方式。

重点 4：数据价值。

本章难点

难点 1：大数据的内涵与外延。

难点 2：不同数据类型之间的转换。

2.1 数据与大数据

作为一种新兴的社会现象和热点，大数据已经成为高频词汇，被社会公众所熟知。不过，作为一个描述数据属性的专业名词，很多人却无法讲清楚其内涵与外延。在大数据时代，如何理解作为数据属性描述的“大数据”呢？本章将介绍大数据的内涵、外延、特征及应用，帮助读者进一步理解大数据。

2.1.1 大数据的定义

对于数据的定义，维基百科是这样描述的：作为一个一般性概念，数据指的是现有信息或知识以某种适合使用或处理的形式表示或编码的事实。简单地讲，数据是对客观事实存在的记录。数据是事实信息的最小单位，可以作为计算、推理或讨论的基础。大数据是在互联网等信息技术产生与广泛应用之后对传统数据的发展，被描述为“数字经济的新石油”。对于大数据的定义，有以下三种较为流行的说法。

(1)维克托·迈尔·舍恩伯格在《大数据时代》一书提到，大数据不用随机分析法(抽样调查)这种捷径，而对所有数据进行分析处理。

(2)著名咨询公司 Gartner 给出的定义是：大数据是需要新处理模式才能具有更强的决策力、洞察发现力和流程优化能力来适应海量、高增长率和多样化的信息资产。

(3) 著名咨询公司麦肯锡给出的定义是：一种规模大到在获取、存储、管理、分析方面大大超出了传统数据库软件工具能力范围的数据集合，具有海量的数据规模、快速的数据流转、多样的数据类型和价值密度低四大特征。

以上三个定义各自有所侧重，第一个定义强调区别于传统抽样的“全样本数据”，更多的是从数据规模、数据利用角度解释大数据的含义。第二个定义是从数据价值的角度（如决策力、洞察发现力和流程优化能力等）来强调大数据的价值，该定义更加强调数据应用之后的潜在结果。第三个定义则同时涵盖了大数据的特征。

综合以上定义，本书采用的定义是：大数据指的是无法在一定时间范围内用常规软件工具进行捕捉、管理和处理的数据集合，是需要新处理模式才能具有更强的决策力、洞察发现力和流程优化能力的海量、高增长率和多样化的信息资产。

2.1.2 大数据的特征

关于大数据的特征，很多读者可能在很多场合都见过。如，《大数据时代》一书提出了大数据的“4V”特征，即规模性（Volume）、多样性（Variety）、价值性（Value）、高速性（Velocity）。IBM 则在此基础上，增加了第 5 个 V，即真实性（Veracity）。本书依然采用经典的 4V 特征来理解大数据（见表 2-1）。

表 2-1 大数据特征

方面	特征
规模性（Volume）	数据体量巨大
多样性（Variety）	数据类型具有多样，数据来源的范围广、渠道多
价值性（Value）	价值密度低，商业价值高
高速性（Velocity）	数据进出的速度快

2.1.2.1 规模性

大数据的第一个特征是数据体量巨大。随着技术的发展，数据量开始呈爆发式增长。许多大企业的数据规模已经达到 TB，甚至 EB 级别（1EB=1024PB、1PB=1024TB、1TB=1024GB）。例如，截至 2021 年年底，腾讯云的数据存储规模已经突破 10EB；如果折合成 50G 大小的电影，则相当于约 214748365 部电影，如果这部电影时长 120 分钟，不间断播放的话需要大约 49029 年。

2.1.2.2 多样性

大数据具有数据类型多的特征。数据来源的广泛性决定了数据类型的多样性，常见的数据可以分为结构化数据、非结构化数据、半结构化数据三种类型。相对于

以往便于存储的数值数据或以文本为主的结构化数据，在大数据时代，非结构化数据及半结构化数据越来越多，常见的来源包括网络日志、音频、视频、图片、地理位置信息、社交媒体、手机通话记录、互联网搜索及传感器网络等。

2.1.2.3 价值性

大数据具有价值密度低的特征。随着数据规模与体量的增长，现实场景中的大量数据是无效或者低价值的。大数据价值的实现，在于通过对不同来源的、多种类型的数据进行整合分析，挖掘出对未来趋势与模式预测有价值的数据。例如，企业可以整合客户公开的社交媒体数据及历史交易数据，通过技术手段分析客户的购买特征与趋势，从而有针对性地优化商品存贮及推荐，提高企业的销售收入或降低运营成本。

2.1.2.4 高速性

大数据还具有高速性的特征，主要体现在数据的增长速度和处理速度两个方面。随着互联网与物联网等技术的发展，数据量呈现爆炸式增长趋势。仅以百度知识内容搜索为例，2019 年 12 月公布的数据显示，百度知识内容的日均搜索量已达到 15.4 亿次。数据的高速产生对数据处理的响应速度有了更严格的要求，要求实时分析而非批量分析，数据输入、处理与丢弃立刻见效，从而支持业务更好地实现。

2.1.3 传统数据与大数据的比较

相比我们所熟知的传统数据，大数据多由巨型的多源异构数据集组成，超出了在可接受时间范围内的收集、使用、管理和处理能力。本节通过在特征及应用模式两个方面的对比，引导读者更好地理解大数据的具体含义。

2.1.3.1 特征比较

在大数据背景下，传统数据的特征与大数据的特征有所差异。例如，传统数据侧重于对象描述，而大数据更倾向于对数据过程的记录。它们的数据量、数据形式、数据产生与更新的速度等也不相同。与传统数据相比，大数据的主要特点可以概括为：数据量大、数据类型复杂、数据产生速度快、数据潜在价值无限。传统数据与大数据的特征对比如表 2-2 所示。

大数据与传统数据的核心差异在于数据价值。传统数据的价值体现在信息传递与表征，是对现象的描述与反馈，帮助使用者通过数据去了解对象。而大数据是对现象发生过程的全记录，通过所得数据不仅能够了解对象，还能实现对对象的分析

并掌握对象运作的规律，挖掘对象内部的结构与特点，甚至挖掘潜在的信息。下面将以用户数据为例，描述大数据与传统数据的特征差异。

表 2-2　传统数据与大数据的特征对比

特征	传统数据	大数据
数据量	数据量较小，多以数据工具进行存储	海量化
数据形式	以结构化数据为主，数据形式较为单一	数据类型复杂，大部分都是结构化、半结构化数据
数据产生速度	增长速度较慢，数据处理工作量较小	数据的增长速度快，处理速度也快
数据价值	企业重视程度低，数据创造的价值较低	数据应用层面广，引起企业重视，数据价值提升

例如，对个体身高、体重、出生年月、兴趣爱好、日常活动、亲朋好友等数据的记录，可以归为传统数据，通过这些数据可以了解目标个体的基本情况。在大数据环境下，可以记录目标个体的行为过程数据，如日常作息、睡眠质量、身体状况、就餐情况、社交情况、购物记录等数据。通过对这些过程数据的分析，我们能够知道和认识这个人，还能了解其习惯性格，甚至挖掘出隐藏在生活习惯中的情绪与内心活动等信息。这些是传统数据所无法体现的，也是大数据承载信息的丰富之处与价值所在。

2.1.3.2　应用模式比较

传统数据分析采用演绎式的推理方式发现新知识，即在所选定的理论前提下建立假设，然后通过数据抽样对假设进行验证，从而发现用来解释现象的新知识或新模式。大数据分析采用归纳式的推理模式发现新知识，即利用分类、聚类、关联规则或回归等技术手段对所收集的数据进行分析，归纳出蕴含在数据背后的新知识或新模式，从而更好地指导未来业务的发展。下面以传统的图书出版流程及数据驱动的网络出版业为例，解释传统数据分析与大数据分析应用模式的差异。

在传统环境下，出版社在选题策划和出版书籍时，需要回答的问题是“读者会喜欢这个选题吗？”，一般通过问卷调查、读者访谈等方式来回答这个涉及业绩和经营指标的问题。而在网络出版环境下，则可以回答“消费者喜好朝着什么方向发展？”“需要向消费者推荐什么类型的选题？”，即基于大数据分析发现潜在受众的购书意向、行为特征，以及对竞争对手进行分析等。

1. 潜在受众的购书意向、行为特征分析

在传统出版环境下，这类分析几乎是不可能完成的任务，因为仅搜集信息一项就需耗费大量的人力、物力、财力。大数据的出现，出版社可以借助特定平台或渠道，获取覆盖面足够多的受众人群，对潜在受众进行用户画像和分析，发现受众类

型、购书喜好以及购买驱动力等之间的关系，从而制定针对性的营销策略。

网络小说出版是一个典型的大数据应用模式的例子。过去，小说出版主要是由各大出版社对作者的书稿进行审稿，然后决定是否出版；在正式出版之前，读者无法接触到图书。现在的网络小说出版，采用连载、日更等形式分章节出版，设置了评论区等粉丝圈。读者可以在评论区与作者、其他读者进行交流，反馈自己的感受；作者也可以征集读者对文章情节发展的意见，适时调整小说内容，写出更加符合读者喜好的内容，从而降低图书滞销的风险。

2. 竞争对手的数据监测

在经营过程中，企业不仅要面对消费者，还需要时刻了解竞争对手，规避产品同质化、定位雷同化等问题。在传统环境下，相关数据较难获得。随着越来越多的企业将终端营销转入线上，不同出版社的线上图书品类、收藏人气、销售数据及用户评价等数据都非常容易获得。通过收集竞争对手的相关数据，可以推测读者的关注点和同类竞争对手的销售动态，分析不同品类的图书销售在时间、地区、读者类型等条件下的差异，进而在小说作者签约等方面提供决策支持。

2.2 数据来源与数据类型

大数据正在以越来越快的速度增长。移动设备、社交媒体、物联网、医疗影像技术、天文学和基因测序等，每天都会产生大量的、多种类型的数据。数据的具体来源有哪些呢？所产生的数据又有哪些类型？本节将介绍数据的来源、常见的数据类型以及不同类型数据之间的转换，引导读者更好地理解大数据。

2.2.1 常见的数据来源

数据的主要来源可以分为三类。一是基于互联网产生的数据，如网页新闻、图片、声音及视频等数据；随着社交媒体、电子商务、网络直播等互联网应用的流行与普及，此类来源的数据越来越多。二是计算机信息系统内部产生的数据，如文件、数据库等操作而自动生成的日志数据等。三是基于物联网产生的数据，如电子传感器、工业设备、家用电器、汽车、电表、科研仪器及可穿戴设备等。随着物联网的广泛应用及 5G 网络的普及，物联网正在成为新兴的重要的数据来源，如图 2-2 所示。

具体到单个企业，常见的数据来源有三个。一是企业内部数据，可以分为静态数据与动态数据。常见的企业内部静态数据有企业员工与客户信息、财务状况、固定资产和企业信息等，这类数据一般较少发生变化。常见的动态数据有员工考勤数

据、能源消耗数据、日常生产与经营数据、交易数据及资金往来数据等，这类数据的产生具有周期性或动态性。二是与企业相关的外部数据，如社交媒体等外部渠道关于企业、企业产品及竞争对手的新闻报道或产品评价等数据。三是企业外部公共数据，如国家统计局的各类数据、消费者偏好等区域性数据、经济或技术发展趋势等外部数据。在大数据时代，企业需要同时关注以上三个渠道的数据来源，在整合利用多源数据的基础上，优化企业内部运营与管理、外部营销与客户关系管理等活动。

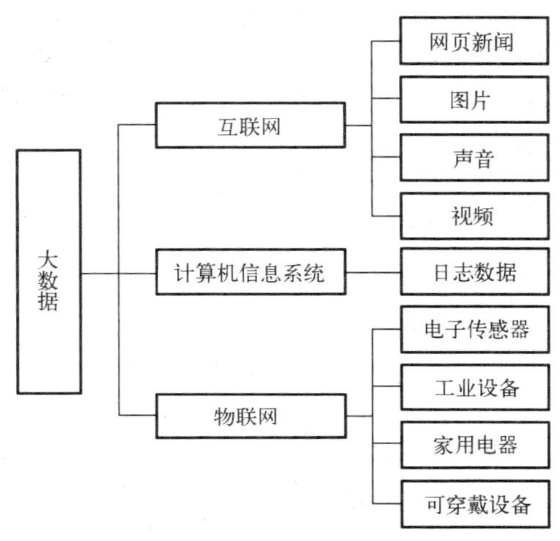

图 2-2 常见的数据来源

2.2.2 常见的数据类型

数据来源的广泛性决定了数据类型的多样性。按照数据的结构化程度，可以将数据分为结构化数据、非结构化数据及半结构化数据，如图 2-3 所示。

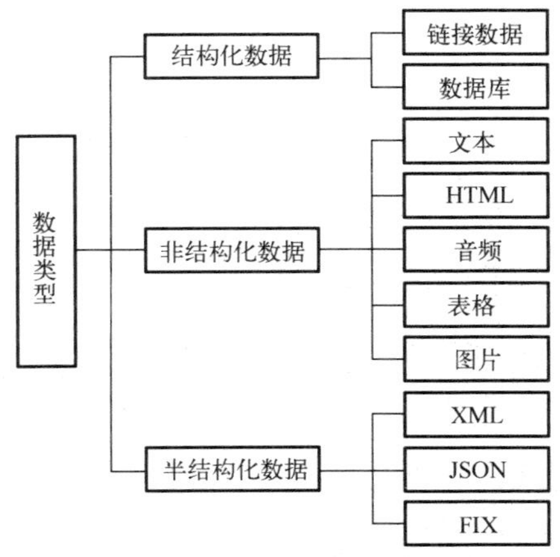

图 2-3 常见的数据类型

2.2.2.1 结构化数据

结构化数据指的是数据结构已经定义好，在使用时严格按照定义好的结构进行存储、计算和管理的数据。一般来说，存储在数据库中的都是结构化数据。例如，常见的企业 ERP(Enterprise Resource Planning)系统、财务系统、医院信息系统(Hospital Information System，HIS)、教育一卡通系统、政府行政审批系统等，存储在其核心数据库中的数据都属于结构化数据。

存储在数据库中的结构化数据通常以二维表的形式存在。其中，每一行被称为一条数据记录，每一列被称为一个字段。如表 2-3 所示，每名员工的数据为一条数据记录，每条记录包含 4 个字段(即姓名、工号、月工资、工作年限)。在定义好数据结构之后，可以往其中存储数据。表 2-3 是一个二维表，也是典型的结构化数据表。

表 2-3　某公司员工工资表

姓名	工号	月工资	工作年限
张三	2035121201	9800	15
李四	2035121202	4600	4
王五	2035121203	6000	9

2.2.2.2 非结构化数据

非结构化数据指的是不同于传统的“行-列”形式表示和存储的数据，如文本、图像、音频、视频等数据。与传统的结构化数据相比，非结构化数据一般存在数据维度高、分析难度较大等特点。通常需要借助人工智能技术，如利用自然语言处理技术获取文本数据的语义学信息，利用语音识别技术获取音频信息，或通过计算机视觉技术提取图像和视频所蕴含的信息等。以下介绍四类常见的非结构化数据。

1. 文本数据

文本数据是指不能参与算术运算的任何字符，也称为字符型数据，是最普通最常见的数据类型。在计算机中，文本数据一般保存在文本文件中，常见的文件格式包括 ASCII、MIME 和 TXT 等。

2. 图片数据

图片是指由图形、图像等构成的平面媒体。在计算机中，图片数据一般以图片格式的文件来保存。图片的格式很多，大体可以分为点阵图和矢量图两大类，如常用的 BMP、JPG 等格式的图片属于点阵图，而 Flash 动画制作软件所生成的 SWF 文件和 Photoshop 绘图软件所产生的 PSD 图片则属于矢量图。

3. 音频数据

音频数据指的是数字化的声音数据。在计算机中，音频数据一般以音频文件的格式来保存。音频文件是指储存声音内容的文件，常见的格式包括 CD、WAV、MP3、MID、WMA、RM 等。

4. 视频数据

视频数据是指连续的图像序列。在计算机中，视频数据一般以视频文件的格式来保存，常见的格式包括 AVI、DAT、RM、MOV 等。

大数据时代，非结构化数据的增长速度比结构化数据的增长速度更快，未来 80%～90%的新增数据都将是非结构化数据。不过，这并不意味着结构化数据将被淘汰。无论是哪种类型的数据，它们都可能有很高的价值。

2.2.2.3　半结构化数据

半结构化数据（Semi-Structured Data）指的是具有一定的结构性，介于结构化和非结构化之间的数据。半结构化数据的结构性弱于结构化数据，不能通过简单地建立一个表来存储它；而为了了解数据的细节，也不能按照非结构化数据的处理方式，将数据组织成一个文件。

半结构化数据的存储方式有以下两种：一是将半结构化数据转换为结构化数据；二是使用 XML（Extensible Markup Language，可扩展标记语言）格式来组织并保存到 CLOB（Character Large Object，字符大型对象）字段中。XML 可能是最适合存储半结构化数据的格式，其元素的可扩展和自定义大大提高了语义的准确性和可理解性，为半结构化数据的存储提供了可能。使用 XML 格式存储数据时，可以采用 XML 模板元素，通过设置固定元素和可变元素，在文本自由录入的前提下，同时保存数据结构。

2.2.3　数据类型之间的转换

非结构化及半结构化数据的不规则性和模糊性，不仅会使得传统程序难以理解，还不利于数据模型构建与数据价值释放。将非结构化及半结构化数据转换为结构化数据，是数据分析和建模的基础性工作。最重要的数据转换方式之一是数据标注。目前，学术界尚未对数据标注的概念形成统一的认识。一个认可度较高的定义是由斯坦福大学李飞飞教授等人提出的：数据标注是对未处理的初级数据，包括文本、图片、音频、视频等进行加工处理，转换为机器可以识别的信息的过程。以图片格式的数据为例，数据标注是把需要计算机识别和分辨的图片事先打上标签，然后让

计算机模仿人类学习过程中的经验学习，不断地识别图片的特征并与标签对应，最终实现计算机自主识别图片的过程。

非结构化数据标注的应用场景非常丰富。例如，语音标注方面，常见的应用场景包括自然语言处理、实时翻译等，常用方法是语音转写；文本标注方面，常见的应用场景有名片自动识别、证照识别等，常用的任务主要有情感标注、实体标注、词性标注以及其他文本类标注；图像标注方面，常见的应用场景包括人脸识别、自动驾驶等。

常见的数据标注有三种划分方式(见表 2-4)。按照标注对象分类，可以分为图像标注、语音标注和文本标注。按照标注的构成形式分类，可以分为结构化标注、非结构化标注和半结构化标注。按照标注者的身份分类，可以分为人工标注和机器标注。

表 2-4 数据标注的类别

分类方式	分类方法	概念	优点	缺点
标注对象	图像标注	图像标注包括对图片和视频进行标注	使人脸识别和自动驾驶等技术得到发展和完善	相对复杂，耗时
	语音标注	需要人工将语音内容转录为文本内容，然后通过算法模型识别转录后的文本内容	使人工智能领域中的语音识别功能更加完善	算法无法直接理解语音内容，需要进行文本转录
	文本标注	与音频标注有些相似，都需要通过人工识别转录成文本形式	减少了文本识别行业和领域的人工工作量	人工识别过程繁杂
标注的构成形式	结构化标注	数据标签必须在规定的标签候选集合内，标注者通过将标注对象与标签候选集合进行匹配，选出最合理的标签值作为标注结果	标签候选集将标注类别描述得很清晰，便于标签者选择；标签是结构化的，利于存储和后期的统计查找	遇到具有二义性标签时往往会影响最终的标注结果
	非结构化标注	标注者在规定约束内，自由组织关键字对标注对象进行描述	给标注者足够的自由，可以清楚地表达自己的观点	给数据存储和使用带来困难，不利于统计分析
	半结构化标注	标签值是结构化标注，而标签域是非结构化标注	标注灵活性强，便于统计查找	对标注者的要求高，工作量大，耗时
标注者的身份	人工标注	雇用经过培训的标注员进行标注	标注质量高	标注成本高，效率低
	机器标注	标注者通常是智能算法	标注速度快，成本相对较低	算法对涉及高层语义的对象识别和提取效果不好

就任务目标来看，常见的数据标注任务包括分类标注、标框标注、区域标注、描点标注以及其他标注等。下面将简要介绍每一种任务的具体内容。

1．分类标注

分类标注是从给定的标签集中选择合适的标签分配给被标注的对象。通常，一张图可以有很多分类或标签，如运动、读书、购物、旅行等。对于文字，可以标注出主语、谓语、宾语，名词和动词等。分类标注任务适用于文本、图像、语音、视频等不同类型的标注对象。

2．标框标注

标框标注是从图像中选出要检测的对象，此方法仅适用于图像标注。标框标注可细分为多边形拉框和四边形拉框两种形式。多边形拉框是将被标注元素的轮廓以多边形的方式勾勒出来，不同的被标注元素一般有不同的轮廓。四边形拉框主要是用特定软件对图像中需要处理的元素(如人、车、动物等)进行拉框处理，用一个或多个独立的标签来代表一个或多个需要处理的元素。

3．区域标注

区域标注与标框标注类似。但与标框标注相比，区域标注的要求更加精确，而且边缘可以是柔性的。区域标注同样仅适用于图像标注，其主要的应用场景包括自动驾驶中的道路识别和地图识别等。

4．描点标注

描点标注是指将需要标注的元素(如人脸、肢体等)按照需求位置进行点位标识，从而实现对特定部位的关键点识别。

5．其他标注

除上述 4 种数据标注任务以外，还有很多个性化的数据标注任务。例如，自动摘要利用文本标准和文本挖掘技术，从新闻事件或者文章中提取出最关键的信息，然后用更加精练的语言写成摘要。自动摘要与分类标注类似，但两者存在一定的差异。分类标注的界定更加准确和客观，一般不会产生歧义。自动摘要是对文章的主要观点进行标注，客观性和准确性较低。

 2.3　数据的价值

进入大数据时代，数据的价值正在逐步得到体现。随着大数据技术的进步及数据利用经验的丰富，数据能够产生的价值也会越来越大。本节将首先介绍数据金字塔，引导读者理解一般意义层面的数据价值；然后以企业为例，介绍数据对于企业的潜在价值。

2.3.1 数据金字塔

数据金字塔，也被称为 DIKW 金字塔、层次结构等，泛指一类用于表示数据、信息、知识和智慧之间结构关系/功能关系的模型(见图 2-4)。DIKW 是四个英文单词的首字符缩写，分别对应数据(Data)、信息(Information)、知识(Knowledge)、智慧(Wisdom)。

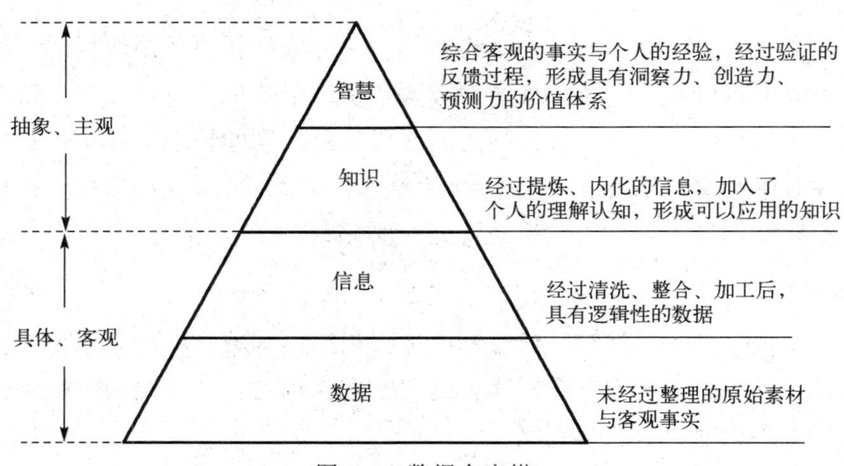

图 2-4　数据金字塔

数据是被记录下来的客观事实或现象，如符号、数字、文字、图像、声音、视频等，可以通过原始观察或度量来获得。

信息是人们为了某种需求而对原始数据处理后形成的有意义、有用途的数据。信息与数据密切相关，但又有所区别，即信息是“有用的”。

知识是在对信息进行了筛选、综合及分析等过程之后产生的，是在对相关信息加工提炼的基础上得到的，如一些学科领域的共性规律、理论、模型、模式、方法等。

智慧是人类所特有的运用知识做出正确判断和决定的能力，主要表现为收集、加工、应用及传播知识的能力，以及对事物发展的前瞻性看法。智慧侧重于对知识的利用，即通过经验、阅历及见识的累积而形成的深刻认识或远见，体现为一种基于知识的卓越判断力。

通常情况下，信息是以数据来定义的，知识是以信息来定义的，而智慧是以知识来定义的，数据金字塔每层之间既有联系又有区别，每层都比下一层多赋予了一些特质。从数据到智慧的步步升级，是从认识局部到认识整体、从描述过去或现在到预测未来的过程。

2.3.2 数据对企业的价值

大数据时代，数据不再是一串串冰冷的数字，而是被誉为“数字经济时代的新石油”，成为企业的重要资产，是企业形成竞争优势的关键因素之一。对于企业来讲，利润是衡量企业健康发展的重要指标之一。数据究竟有什么样的价值？本节将从利润的视角，从收入、成本及风险三个方面加以解释。

2.3.2.1 帮助企业提高收入

帮助企业提高收入是数据的潜在价值之一。利用数据提高企业收入的途径有很多，其中较为重要的一个途径是基于大数据的精准营销，常见的手段包括用户画像与分组管理、广告精准投放、算法预测等。这些常用手段背后的业务逻辑如下。

用户画像是从用户的社交属性、消费行为及生活习惯等信息中抽象出来的标签化用户模型。从数据的角度来看，主要包含用户特征数据(如性别、年龄、地区等)、消费行为特征数据(如购买商品种类、购买频率、购买渠道、收入状况及购买力水平等)、社交特征数据(如生活习惯、婚恋、社交媒体及新闻阅读偏好等)。基于上述信息的积累，可以为用户贴上不同的标签。例如，在京东App用户界面中，笔者拥有“家庭号”“健康勋章”“吃货勋章”“购物狂”等标签。推测这些标签的业务逻辑或含义，第一个标签与笔者个人账号在多个设备终端登录、拥有不同的收货地址、购买的产品覆盖多个家庭成员角色等有关，第二、三个标签与该账号所购买产品的类别有关，最后一个标签是与该账号的消费频次和消费金额等信息有关。通过上述贴标签的方式，可以对用户进行画像描述及动态更新，实现用户的分组管理，或者根据用户画像推送商品促销消息，提高购买转化率。

广告精准投放是根据用户行为与偏好，有针对性推荐商品的活动。以百度搜索和百度广告为例，当用户搜索某个关键词时，说明他们对这个关键词感兴趣。当积累到一定量的关键词搜索记录之后，百度可以将用户的搜索行为进行统计分析，如某个关键词随时间变化呈现出来的搜索热度、在特定地区的搜索热度。对于其中的与特定产品相关的关键词，用户的搜索行为表明他们对此类商品感兴趣，可能会是潜在的客户。对于提供上述相关产品的企业来说，这些信息可以为产品部门及销售部门提供决策参考，为产品设计、广告投放及销售策略提供参考。

算法预测则是利用大数据分析技术，预测消费者的偏好和潜在的购买行为。以电子商务平台的购物推荐为例，基于海量用户的购物记录，可以利用聚类分析对用户进行分类，完成每个类别用户的用户画像分析；在此基础上可以利用关联规则分析等技术手段，发现产品之间的关联度，如购买A商品的用户还浏览或购买什么其他产品，从而面向此类用户开展有针对性的推荐服务，提高用户的购买转化率，提高企业的销售收入。

2.3.2.2 帮助企业降低成本

数据价值的第二种体现是帮助企业降低运营与管理成本。在企业信息化建设过程中，可以利用数字化平台对企业的组织架构、生产与业务运营进行数字化“映射”，提高部门之间、不同生产环节之间的沟通效率，基于数据分析对业务运营状态进行诊断，帮助企业降低运营成本。下面将以几个例子对背后的逻辑加以解释说明。

利用消费者行为偏好数据降低产品设计成本。在互联网环境下，借助电子商务平台或设计媒体，企业可以很容易地获取消费者关于商品与服务的体验数据，或者说消费者期望的产品功能等信息。企业可以将相关信息反馈给产品设计部门，在产品设计阶段更好地考虑消费者期望和偏好，设计和生产更受消费者欢迎的产品。这种新兴的数据获取方式，不仅可以帮助企业以更低的成本把握市场动态，还可以降低企业的生产成本。

利用网络营销数据优化企业库存与物流成本。随着企业营销的数字化转型，关于企业产品在不同电子商务平台销售状况的数据越来越多。可以利用产品销量的时间分布、区域分布及消费者的评价数据，对所生产产品的品类、数量、出入库时间节点及仓库位置等进行优化，减少非畅销类产品的生产数量及仓储数量，根据畅销产品的热销时间和区域优化物流与仓储，从而降低企业的仓储成本与运营成本。

利用电力数据降低企业的能源消耗成本。很多大企业用电类别不仅包括生产用电，还包括办公和生活用电；在电费计费方式的选择方面，既可以按照设备装机容量收费，也可以根据实际用电量收费。基于企业以往用电记录(如用电量的时间分布、类目分布、不同设备的开机情况等)，可以引导企业合理安排用电时间和类目分配，选择更合适的计费方式，降低企业能源消耗成本。

2.3.2.3 帮助企业规避风险

数据价值的第三种体现是帮助企业规避风险。基于企业的业务数据、客户数据、日常运营数据等，利用大数据分析技术对企业运营进行诊断，识别企业内部或外部潜在的风险，从而采取有针对性的预防措施。

对客户信用进行评价，识别客户违约风险。在互联网环境下，对客户的社会属性数据及消费行为数据进行分析，可以更加准确地评估客户信用，评估潜在的违约风险。例如，支付宝的芝麻信用就是根据用户在互联网上的各类消费及行为数据，结合互联网金融借贷信息，利用大数据分析技术从用户信用历史、行为偏好、履约能力、身份特质、人脉关系五个维度评估消费者的还款能力与违约意愿，在此基础上客观呈现个人信用状况的综合分值。

构建市场营销风险预警机制，降低突发事件的不利影响。企业还可以搜集应急信息数据，根据企业营销活动当中的风险点设计健全功能、诊断功能、监控功能、辅助决策功能等，构建企业风险预警制度体系。实时跟进企业营销活动和风险转化制度体系，对营销活动实际值与预警值进行合理监测，快速发现营销活动开展过程中出现的异常情况；对企业营销决策信息进行梳理，然后制定相应的危机应对方案，规避企业营销过程中的风险环节。

利用物联网数据监测设备运营与维护，降低设备故障率与生产中断等风险。随着物联网的普及，利用传感器等智能应用监测企业设备元器件的运营，定期收集不同设备的损耗状况，可以提前发现需要保养维护或更换的设备，避免因为突然的设备故障而打乱企业的生产计划。这种对企业设备的数字化、智能化管理，既可以为企业节省成本，又可以规避不必要的风险，从而提高企业生产的稳定性及生产效率。

课后习题

1．请解释数据和大数据的区别与联系。
2．请解释数据金字塔的含义，介绍不同层级之间的关系，并举例加以说明。
3．请简述结构化数据、非结构数据和半结构化数据的含义，并举例说明。
4．请解释数据标注的含义及方法，并举例说明。
5．请解释数据对企业的潜在价值。

课后案例

大数据与小数据思辨

大数据正在逐步改变人们的生活习惯和思维方式，在推动社会进步和发展的过程中发挥着日益重要的作用，得到了“官、产、学、研”等领域不同主体的关注和重视。随着大数据的兴起，小数据似乎正在被时代遗忘。事实上，小数据具备的精确性和个性化优势在大数据时代也是一股不可忽视的力量。我们应该辩证地看待大数据和小数据之间的关系。

大数据与小数据各有自己的优劣势，不可有所偏颇。由于数据量方面的优势，大数据能够更加全面地从海量数据信息中发现总体规律。但也正是因为追求数据信息背后的总体规律，我们往往牺牲了数据信息背后的个性化规律，而这些个性化规

律有时候往往具有更大的价值。因此，我们在挖掘大数据的总体规律时，也应该注意个性化规律，用小数据中的个性化信息补充大数据中的总体规律，从宏观和微观两个层面充分剖析数据的内在含义和价值。目前，已经有很多传统实践正在积极融合大数据和小数据。

以市场调研为例。传统调研在开始之前，都会先选定调研的城市、调研配额等，以保证调研结果具有代表性和普适性，避免出现偏差。为了避免调研方向上存在的误导性，可以先通过大数据对用户进行初步的分析，了解用户的行为偏好，然后再分层抽样进行调研。也就是说，大数据能让小数据的研究范围变小，瞄准正确的方向。与之相对的是，小数据可以对大数据进行验证，保证大数据是准确的。由于大数据中的很多标签是通过算法自动生成的，标签的准确性是个问题；而调研所获取的小数据基本都是真实的，可以对大数据的标签进行反向验证，使得标签的误差变得更小。

以医疗诊断为例。一些疾病诊断可以通过大数据方法，从海量病例数据库中挖掘出类似的疾病规律供诊断参考，从而提高疾病诊断的准确度和效率。但是大数据中发现的总体规律只是提供一种高效的参考而已，每位患者的具体情况存在差异，医生还需要结合患者的个性化小数据信息来最终确诊疾病。即便未来大数据医疗在技术层面取得更大突破，将个性化小数据中的信息和大数据中的规律相结合依然会是最好的方式。

又比如药物说明书。药物说明书一般都提供用药指导，但是这些数值是根据大量病人的统计数据得出的，是否适用于病人此刻的状态呢？特别是对慢性病、抑郁症等一些疾病，可能会出现不规律的波动，故需要进行长期的日常监测。基于可穿戴设备和移动技术等，对个人日常活动进行不间断的监测，能够形成独特的健康数据或者是构建个性化的用户画像。根据这些数据，我们或许能得到更科学的用药指导。

综上来看，大数据时代的小数据依然重要，对组织、个人都不可能或缺。将大小数据结合，而不仅仅是专注于大数据，可能会是更好的选择。

阅读上述材料并收集更多课外材料，请回答下列问题。

1. 请解释大数据与小数据的关系。

2. 为什么小数据对构建用户画像十分重要，请说明原因。

3. 请收集一个大数据与小数据相结合的应用案例，并解释在该案例中大数据与小数据是如何相互配合使用的。

第 3 章

大数据技术

课前导读

本章主要介绍数据管理技术、数据分析技术及常见的相近技术概念辨析。在数据管理技术方面，重点介绍常用的数据采集技术、数据存储技术、数据加工技术；在数据分析技术方面，重点介绍商务数据分析技术体系、预测性分析技术、大数据分析工具；最后对人工智能、数据挖掘及机器学习之间的关系进行了辨析。本章尽可能在保证知识正确性的同时，通俗地向读者介绍大数据技术及其意义。本章内容组织结构如图 3-1 所示。

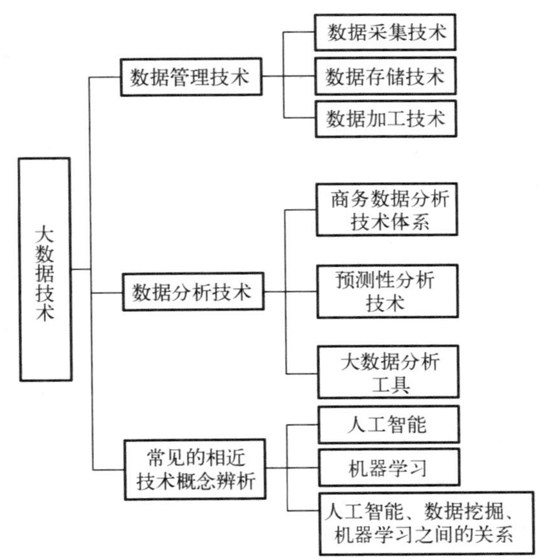

图 3-1　本章内容组织结构

学习目标

目标 1：掌握一项数据采集工具。

目标 2：了解数据存储技术。

目标 3：掌握基本的数据加工技术。

目标 4：熟悉商务数据分析技术体系。

目标 5：能够解释预测性分析技术的要点。

目标 6：掌握一项数据挖掘工具。

本章重点

重点 1：数据采集技术。

重点 2：商务数据分析技术体系。

重点 3：大数据分析工具。

本章难点

难点 1：数据采集技术。

难点 2：预测性分析技术。

难点 3：人工智能、数据挖掘、机器学习之间的关系。

3.1 数据管理技术

随着大数据分析技术的发展，数据的潜在价值越来越大，已经成为企业的重要资产之一。对各类数据的有效管理是保障企业日常运营和提升企业竞争力的关键环节。本节将分别介绍数据采集技术、数据存储技术和数据加工技术，引导读者理解如何对企业数据进行有效管理。

3.1.1 数据采集技术

3.1.1.1 数据采集概述

数据采集是数据分析的基础环节之一，也是最常见的数据管理工作之一。大数据时代，企业的数据主要有企业信息系统及计算机产生的数据、物联网产生的数据、互联网产生的数据。对于企业信息系统及计算机产生的数据，一般可以由计算机自动完成采集与存储。因此，数据采集主要是对物联网产生的数据与互联网产生的数据进行采集。数据采集对象不同，数据采集的含义与过程也不同。

对于物联网产生的数据，数据采集指的是对测量现实世界物理条件的信号进行采样的过程，并将产生的样本转换为可以由计算机操作的数字值。数据采集系统的组成部分包括传感器、信号调节电路和模数转换器。其中，传感器将物理参数转换为电信号；信号调节电路将传感器信号转换为可以转换为数字值的形式；模数转换器将经过调节的传感器信号转换为数字值。

在日常工作与生活中，采集物联网数据非常常见。例如，在工业生产中，通过工业设备和系统的命令，可以控制设备元器件(如阀门、开关、压力计、摄像头等)的开、关或上报数据等，实现数据的采集、存储、加工、传输。在日常生活中，可以通过传感器采集各种物理数据指标，如温度、水位、风速、压力等。所采集的数据既可能是模拟量，也可以是数字量；采集时间既可能是连续的，也可能是有固定时间间隔(即采样周期)的；采集的数据既可能是瞬时值，也可能是某段时间内的一个特征值。

对于互联网产生的数据，数据采集指的是利用网络爬虫(即互联网搜索引擎)技术实现对特定数据的抓取，然后按照一定规则和筛选标准进行数据归类，并形成数据库文件的过程。其中，网络爬虫又称为网页蜘蛛、网络机器人，是按照一定规则自动抓取网页信息的程序。大数据时代，互联网成为最重要的数据来源渠道之一，采集和利用互联网数据成为很多企业日常运营和数据分析工作的一部分。用户需求的爆发，使得爬虫技术得到了长足的发展。目前，基于 Python、Java、PHP、C#、Go 等语言都可以实现爬虫功能，特别是基于 Python 配置爬虫程序的便捷性，使得爬虫技术得以迅速普及。

互联网数据采集技术的发展有两个方向：一是自主开发代码，对目标网页的特征进行提取；二是采用封装好的软件工具，通过设定好的程序抓取所需要的数据。两相比较，前者灵活性较高，可以根据目标自行配置；后者因为是现成的软件工具，灵活性相对较低。对于不擅长编程的用户来说，使用现成软件工具采集数据是务实、方便的选择。

3.1.1.2　互联网数据采集工具

本节将介绍几款常用的互联网数据采集工具，并在本书配套资料中给出相关学习链接，方便读者学习和使用。

1. 八爪鱼采集器

八爪鱼采集器(以下简称八爪鱼)是一款整合了网页数据采集、移动互联网数据采集及 API 接口服务等为一体的，包括数据爬虫、数据优化、数据挖掘、数据存储、数据备份等功能的数据服务平台。它最大的特色就是对新手用户“友

好”，即无须懂得网络爬虫技术，只需要按照采集页面中的提示进行操作，就能轻松完成采集。同时八爪鱼还具有智能采集的功能，即实现网页的自动采集、自动设置字段等功能，很容易入门。此外，无论是收费版本还是免费版本，八爪鱼都提供了很多特定类型网页的采集模板，可以帮助用户便捷地实现采集工作。截至 2021 年，八爪鱼的全球用户已突破 300 万个，连续 6 年蝉联互联网数据采集软件榜单第一名。

2. 火车采集器

火车采集器是一款专业的互联网数据抓取、处理、分析、挖掘软件，也是目前使用人数较多的互联网数据采集软件。它可以灵活、迅速地抓取网页上散乱分布的数据信息，并通过一系列的分析处理，准确挖掘出所需数据。火车采集器采用分布式高速采集系统，多个大型服务端同时稳定运作，能够快速分解任务量，帮助用户最大化地提升效率；同时内置采集监控系统，可以实时报错、及时修复；采集发布时确保数据零遗漏，为用户呈现最精准的数据。与八爪鱼类似，火车采集器也同时提供收费与免费两个版本，几乎可以采集互联网所有的网页。

3. 集搜客

集搜客是一款免费的网页数据爬取工具，其能将网页内容转换为 Excel 表格。集搜客不仅仅是一款数据抓取工具，还集成了文本分析、情感分析等功能。在数据可视化方面，集搜客也有亮眼的表现，可以自动生成词云图和社交网络图。在学术应用方面，能将自由文本转化为可量化的数据，帮助形成质性分析、政策分析和文献分析等内容，是高校师生和科研人员的得力助手。

4. 后裔采集器

后羿采集器是面向无编程基础用户的数据抓取工具。它不仅能够进行数据的自动化采集，还可以在采集过程中对数据进行清洗，在源头实现对多种内容的过滤。该采集器提供两种采集模式，分别是智能采集模式和流程图采集模式。前者支持智能化操作，即用户只需要输入网址而无须配置任何采集规则，系统就能智能识别网页中的内容，自动完成数据的采集。后者模仿人工浏览网页的思维方式来采集数据，即用户只需要打开被采集的网站，根据软件给出的提示，用鼠标单击几下就能自动生成复杂的数据采集规则。这种便捷的采集方式，对新手用户非常友好，大大降低了数据采集所面临的技术难题。

3.1.2 数据存储技术

大数据时代，不同类型与结构的数据呈爆发式增长趋势，海量数据的存储与管

理成为亟需解决的问题。本节分别介绍数据存储的发展历史、大数据面临的存储和管理问题以及最新的解决方案。

3.1.2.1 数据存储的发展历史

从打孔纸卡算起，现代意义上的存储媒介经历了几个典型发展阶段。1725年，Basile Bouchon发明了打孔纸卡，用来保存印染布上的图案，但他没有申请专利而是公开供所有人使用。1884年，IBM的创始人赫尔曼·霍尔瑞斯(Herman Hollerith)申请了打孔纸卡的专利，并于1888年发明了自动制表机。自动制表机是首个使用打孔卡技术的数据处理机器，在1890年以及后续的美国人口普查中得到了应用，获得了巨大的成功。

1951年，磁带开始用于数据存储。磁带设备被称为UNISERVO，是UNIVAC I型计算机的主要输入/输出设备。UNISERVO的有效传输效率大约是每秒7200个字符。磁带设备为金属材质，全长365米，因此非常重。与打孔纸卡相比，一卷磁带的存储容量高出1万倍，因此磁带迅速获得青睐，成为20世纪80年代以前最普及的计算机存储设备。

世界上第一张软盘是IBM公司在1967年推出的，是个人计算机(PC)中最早使用的可移动存储介质。软盘(Floppy Disk，FD)是一种碟盘存储器，主要部分是一张薄软的磁存储介质盘片，盘片封装在矩形塑料壳中，内衬有用于清理灰尘的纤维织物。读写软盘需要借助软盘驱动器(Floppy Disk Drive，FDD)。以3.5英寸(1英寸＝2.54厘米)软盘为例，其上下面各被划分为80个磁道，每个磁道被划分为18个扇区，每个扇区的固定存储容量为512字节。软盘有着体积大、容量小、读写速度较慢的缺点，随着时代的发展逐渐被淘汰了。

光盘(Optical Disc)，又称光碟，是用激光扫描的记录和读出方式保存信息的一种介质，所存储的格式以模拟信号为主。光盘可分为不可擦写光盘(如CD-ROM、DVD-ROM等)及可擦写光盘(如CD-R、CD-RW、DVD-RAM等)，可存放大量数据，如文字、声音、图形、图像和动画等多媒体数字信息，1片12厘米的CD-R可存放约1小时的MPEG的影片或74分钟的音乐，又或680MB的数据。

1956年，IBM发布了305 RAMAC硬盘机。它由50个24英寸硬磁盘组成，存储容量达到了4.4MB(约500万个字符)，这在当时已经算是“海量”存储设备了。目前，机械硬盘依然是最普遍的存储设备。硬盘有几个关键技术参数，如容量、转速、访问时间、传输速率和缓存。其中，容量描述的是硬盘数据存储量；转速是决定硬盘内部传输率的关键因素；访问时间体现了硬盘的读写时间；传输速率是指硬盘读写数据的速度；缓存是硬盘内部存储和外界接口之间的缓冲器，是关系硬盘传

输速度的重要因素。

固态驱动器(Solid State Drive，SSD)俗称固态硬盘，是用固态电子存储芯片阵列制成的硬盘，由控制单元和存储单元(FLASH 芯片、DRAM 芯片)组成。固态硬盘在接口的规范和定义、功能及使用方法上与普通硬盘完全相同，在产品外形和尺寸上也与普通硬盘完全一致。与机械硬盘相比，固态硬盘的存储速度要快 2～3 倍，已经在很多领域得到了广泛应用。

3.1.2.2　数据存储与管理问题

大量新技术、新商业应用场景的出现，催生了对数据中心的海量需求。数据显示，2020 年，全球数据量达到了 60ZB，其中中国数据量增速迅猛。预计 2025 年中国数据量将增至 48.6ZB，占全球数据量的 27.8%。面对云计算、大数据和人工智能等大规模数据应用场景，尤其是非结构化数据的加速增长，源于大型互联网数据中心的“软件定义存储(Software Defined Storage，SDS)”技术成为了革命性的数据储存手段。

软件定义存储将高度耦合的一体化硬件解耦成不同部件，并围绕部件建立虚拟化的软件层，通过 API 接口实现原来高度耦合的一体化硬件所能提供的功能，再通过软件管理控制，使硬件资源实现自动化部署、优化和管理。软件定义存储由软件驱动并控制资源，与高度耦合的一体化硬件相比，可以更加灵活地为应用提供服务。

软件定义存储对存储进行了阶段划分，在不同阶段将硬件与软件进行解耦，按需求通过编程接口或以服务的方式将硬件的可操控成分逐步提供给应用，分阶段满足应用对资源不同程度、不同广度的灵活调用。第一阶段：抽象，即解耦，实现存储资源灵活调用。第二阶段：池化，即虚拟化，满足按需分配、动态拓展需求。第三阶段：自动化，存储资源由软件自动分配和管理。

软件定义存储产品是将硬件抽象化的解决方案，其核心为存储虚拟化技术。这类产品通过将存储资源抽象化、池化和自动化，利用服务管理接口的虚拟存储、虚拟化存储设备与服务器间的连接，将数据从底层硬件架构中剥离，同时将标准服务器内置存储、直接存储、外置存储等存储资源整合，从而实现应用感知，并基于策略驱动的部署、变更和管理，达到存储及服务的目标。

软件定义存储产品为企业提供了极大的便利，支持企业根据自身需求，通过用户界面或 API 接口自由操作，快速灵活地通过软件层实现对存储数据资源池的管理。考虑到本书的读者群体多为人文社科类专业学生，此处不再过多介绍技术细节。

3.1.3 数据加工技术

数据加工是在数据分析之前，对所收集的数据所做的审核、筛选、排序等必要的处理工作，主要包括数据清洗、数据集成、数据变换(详见2.2.3节，此节不再赘述)和数据归约。对数据进行加工处理，既是为了提高数据质量，也是为了满足后续数据分析软件或方法的需要。在处理数据时，数据加工技术的四大步骤未必都要执行，可以根据数据分析的实际需求来确定具体环节。

3.1.3.1 数据清洗

数据分析有一句经典名言“Garbage in, garbage out”，意思是“输入的是垃圾数据，输出的是垃圾结果”。这句话强调的是数据质量的重要性，即当数据质量低下时，无论算法多么先进，都不可能得到高质量的分析结果。数据清洗针对上述问题，目的是从形式上和内容上将“脏”数据变成“干净”数据，为后续的数据加工及分析任务做好数据准备工作。

具体来说，数据清洗指的是从记录集、数据库表或数据库中检测、纠正或删除损坏或不正确数据记录的过程，主要处理事务包含识别数据的不完整、不正确、不准确或不相关部分，然后替换、修改或删除“脏”数据或粗数据。数据清洗不仅更正错误，还需要提高不同信息系统中不同数据之间的一致性。下面以缺失值、异常值为例，介绍两种常见的数据清洗方法。

1. 缺失值

缺失值指的是由于缺少信息而造成的部分原始数据的删失或截断。在数据挖掘的准备阶段，通常需要对缺失值进行分析和处理。缺失值通常有三类，即随机缺失、完全随机缺失和非随机缺失。随机缺失指的是数据缺失的概率与缺失的数据本身无关，而仅与部分已观测到的数据有关，这种情况会影响现有数据的代表性。完全随机缺失指的是数据的缺失是完全随机的，不依赖于任何不完全变量或完全变量，不影响样本的无偏性。非随机缺失指的是数据缺失与不完整变量自身的取值有关。

缺失值处理的一般思路如下：首先通过一定的方法找到缺失值，分析缺失值在整体样本中的分布占比，以及缺失值是否具有显著的无规律分布特征；然后考虑后续数据分析模型是否支持缺失值自动处理，最后决定采用哪种缺失值处理方法。缺失值处理方法的选择与业务逻辑和缺失值占比有关，即在尽可能降低对预测结果影响的情况下，选择合适的方法处理缺失值。以下是对缺失值处理的三种方法。

(1) 丢弃：如果某些行缺失值占比较多，或者缺失值所在字段很重要，则删除行；

对某些字段，如果缺失值占比较多，如超过20%时，则删除缺失值所在的列。

(2)补全：缺失值占比一般，如低于20%时，可以考虑补全，常见的补全方法有均值填充、中位数填充、众数填充、上下条数据填充、插值法填充、KNN填充、模型预测值填充、默认值填充等。

(3)不处理：如果后续数据分析模型或算法(如KNN、决策树、随机森林、神经网络、朴素贝叶斯、DBSCAN 等)对缺失值有灵活的处理方法或容忍度较高，则可以不处理缺失值。

2. 异常值

异常值也叫离群点，是指样本中明显偏离其余数值的样本点。异常值分析就是要将这些离群点找出来，然后有针对性地开展后续数据分析。常见的异常值识别方法有以下几种。

(1)箱线图：箱线图是利用数据的五个统计量(最小值、下四分位数、中位数、上四分位数和最大值)来描述数据的一种方法，帮助读者清楚地看出数据的分布情况。其具体的判断标准是计算出数据中的最小估计值和最大估计值。如果数据超过这一范围，说明该值可能为异常值。箱线图会自动标出此范围，异常值则用圆圈表示(见图3-2)。

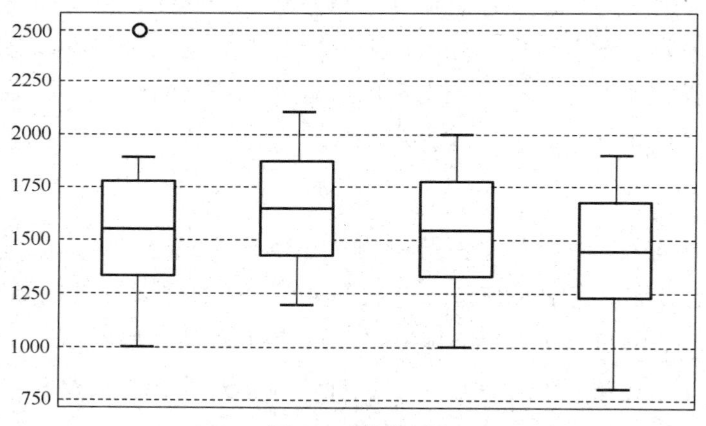

图3-2　箱线图

(2)描述分析：描述分析可以得到数据的最大值、最小值、四分位数等。通过描述分析查看数据中有无极端值，并将极端值剔除。但描述分析没有箱线图展现得直观，一般可以在初步筛查时使用。

(3)散点图：散点图是指用笛卡尔坐标来显示两个变量之间关系的图像。散点图通过展示两组数据的位置关系，可以清晰直观地看出哪些值是离群值(见图3-3)。异常值会改变数据间的关系，通常在研究数据关系之前都会先做散点图(如进行回归分析)，观察数据中是否存在异常值。

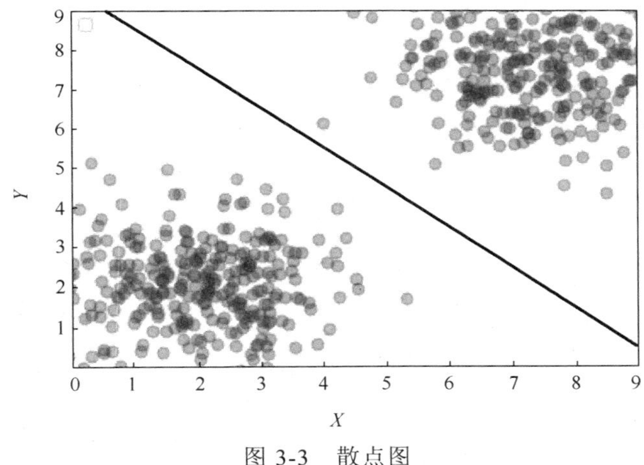

图 3-3 散点图

在识别出异常值后，我们需要对其进行处理。以下是三种常用的处理方法，供大家学习与参考。

(1) 缺失：将异常值设置为 Null 值。此类处理最简单，而且绝大多数情况下均使用此类处理；直接将异常值“干掉”，相当于没有该异常值。如果异常值不多时建议使用此类方法。

(2) 填补：当异常值数据较多，则可能需要进行填补设置，一般根据实际数据需要适当选择平均值、中位数、众数和随机数、0 值填充等方式对异常值数据进行处理。

(3) 不处理：一些异常值也可能同时包含有用的信息，是否需要剔除，应由分析人员自行判断。

3.1.3.2 数据集成

数据集成(Data Integration)是指将不同来源与格式的数据在逻辑上或物理上进行集成的过程。由于数据集成涉及整合多个数据源，不同数据源的字段语义差异、结构差异、字段之间的关联关系以及数据的冗余重复，都可能是数据集成面临的问题。数据集成有以下几个特点：

1. 异构性

由于不同数据源通常是独立开发的，数据的结构可能会不一致，主要表现在数据语义不同、相同语义数据的表达形式不一致、数据源的使用环境不同等。

2. 分布性

不同数据源多是异地分布的，其数据传输与交换依赖网络传输，传输数据网络的性能和安全性等成为数据集成面临的问题。

3. 自治性

各个数据源之间具有很强的自治性，可以在不通知数据集成系统的前提下改变自身的结构和数据，给数据集成系统的健壮性带来了很大挑战。

3.1.3.3 数据归约

数据归约对后续的分析处理不产生影响，它的主旨是在尽可能保持数据原貌的前提下，最大限度地精简数据量。与非归约的数据相比，对归约数据进行挖掘所需的时间和内存资源更少，挖掘更有效，并产生相同或几乎相同的分析结果。这里主要介绍数据归约的两种方法：维归约和数值归约。

1. 维归约

维归约是通过从原有数据中删除不重要或不相关的属性（或维）来减少数据量。维归约的目的是寻找最小的属性子集，且该子集的概率分布尽可能地接近原始数据集的概率分布。常见的方法有以下几种。

(1) 逐步向前选择：由一个空属性集开始，该集合作为属性子集的初始值，每次在原属性集中选一个当前最优的属性并添加到属性子集中，迭代地选出最优属性并添加，直到无法选择出最优属性为止。

(2) 逐步向后删除：由一个拥有所有属性的属性集开始，该集合作为属性子集的初始值，每次从当前子集中选一个当前最差的属性并将其从属性子集中删除，迭代地选出最差属性并删除，直到无法选择出最差属性为止。

(3) 向前选择和向后删除的结合：将向前选择和向后删除的方法结合在一起，每一步选择一个最优的属性，并在剩余属性中删除一个最差的属性。

2. 数值归约

数值归约是通过选择替代的、较小的数据表示形式来减少数据量，包括有参数和无参数两种方法。

(1) 有参数方法：有参数方法通常采用一个模型来评估数据，只需要存放参数，而不需要存放实际数据。有参数的数值归约方法有回归和对数线性模型。

(2) 无参数方法：与有参数方法不同，无参数方法需要存放实际数据，常用的数值归约方法有直方图、聚类、抽样等。

① 直方图。直方图使用分箱来近似数据分布。属性 A 的直方图将 A 的数据分布划分为不相交的子集（桶）。如果每个桶只代表单个属性值（频率对），则该桶称为单值桶。通常，桶表示给定属性的一个连续区间（见图 3-4）。

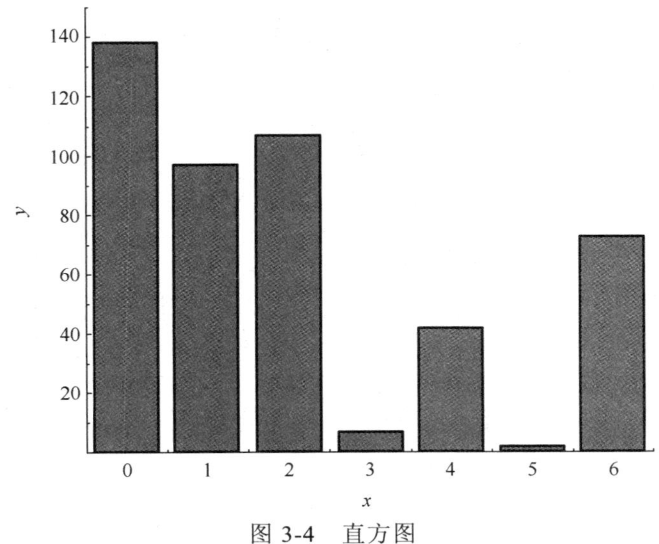

图 3-4　直方图

② 聚类。聚类是将数据元组视为对象，将对象划分为群或簇，使得在一个簇中的对象“类似”，而与其他簇中的对象“不类似”，在数据归约时用数据的簇代替实际数据。

③ 抽样。抽样是用数据的较小随机样本表示大的数据集，如简单抽样、分层抽样等。

3.2　数据分析技术

随着大数据成为一门显学，不同学科都在谈论大数据。关于什么是数据分析，不同学科有自己的定义和侧重点。对统计学科来讲，统计是对数据的数学研究，数据分析主要通过统计模型推断数据中不同内容的关系，故统计学科也习惯性地将“数据分析”“机器学习”称呼为“统计学习”。对计算机学科来说，数据分析侧重于数据的采集、传输、存储、分析、开发、应用、呈现和安全，会围绕数据自身的价值来开展技术层面的相关工作，机器学习支撑的人工智能也被称为“统计学的外延”。对商科来说，数据分析侧重于应用，即侧重于统计学、数据分析技术对商业应用场景的支持，是以实践应用为导向的学科。本节从管理视角出发，介绍商务数据分析技术体系。

3.2.1　商务数据分析技术体系

数据分析是指将计算机技术、管理学知识和统计学知识结合来解决实际问题，通过观察和分析所拥有的数据来了解正在(或已经)发生什么(描述性分析)、将要发生什么(预测性分析)以及如何充分优化和改进(规范性分析)，为管理实践提供洞察力和决策力的过程。基于上述思想，美国运筹与管理学会(Institute for Operations Research and the Management Sciences，INFORMS)给出了常用的商务数据分析技术体系(见图 3-5)。

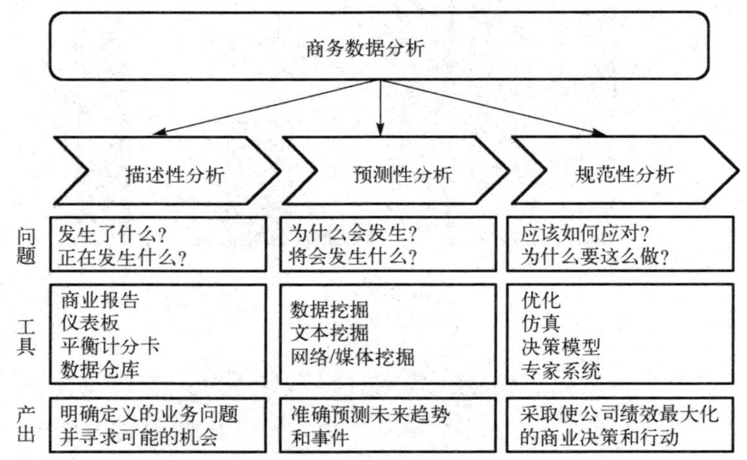

图 3-5　商务数据分析技术体系

3.2.1.1　描述性分析

描述性分析(Descriptive Analytics)是商务智能的重要分析技术之一，也是最常见的数据分析类型。它主要通过对已经发生的事件或业务进行问答和总结，使用数值等指标来描述一系列复杂数据所表达的信息，如数据的整体分布情况、波动情况、数据异常情况等，向客户提供数据信息的整体情况、特征和异常问题等，使客户能够从过去的行为中学习。描述性分析回答“发生了什么”“正在发生什么”的问题，是各类复杂数据分析任务的基础。常见的描述性分析工具包括商业报告、仪表板、平衡计分卡、数据仓库等。

3.2.1.2　预测性分析

预测性分析(Predictive Analytics)旨在确定未来可能会发生什么，即利用统计分析及数据挖掘技术等分析历史数据，发现其中潜在的有用知识、模式或规律，从而为未来的业务发展提供指导。随着人工智能的兴起，预测性分析正在被广泛应用于各个领域。预测性分析主要回答“为什么会发生”“将会发生什么”等问题，帮助企业预测未来的趋势或变化，是当前商务数据分析的主流工作。常见的预测性分析技术包括数据挖掘的经典算法(如聚类分析、分类分析、关联分析、回归分析、人工神经网络等)、文本挖掘、网络/媒体挖掘等。

3.2.1.3 规范性分析

规范性分析(Prescriptive Analytics)也叫诊断性分析，关注已有的现象与事务，尝试对其运行状态做出是非曲直的主观价值判断，目的是识别正在发生的事情以及对事情的可能性进行预测，最终做出可能实现最佳性能的判断和改进建议。潜在建议的形式包括是否决策、部分或完整的生产计划、决策所依据的规则等，故规范性分析也被称为决策分析。规范性分析尝试回答“应该如何应对”“为什么要这么做”等类似的问题，常用的模型包括优化、仿真、决策模型及专家系统等，是管理科学关注的经典领域。

3.2.2 预测性分析技术

单从涉及的分析技术来看，预测性分析技术、数据挖掘技术及数据分析技术之间存在着高度重合。但预测性分析技术主要是从分析目的的角度(预测)来定位数据分析技术，主要使用的技术包括聚类分析、分类分析、关联分析、回归分析及人工神经网络(数据挖掘的经典算法)等，可以看作数据挖掘技术在商业领域的应用。与数据分析技术相比，数据挖掘技术已经存在了很多年，是计算机领域的经典工作之一。大数据的兴起为数据挖掘提供了更加丰富的基础数据、应用场景及计算能力，使得数据挖掘的效果得到了倍增，也更加流行。考虑到商业应用场景及非理工类专业学生的知识背景，下面将以数据挖掘经典算法为例，介绍常用的预测性分析技术。

3.2.2.1 聚类分析

聚类分析(Clustering Analysis)又称为集群分析，是根据事务自身的特性对被聚类对象进行类别划分的统计分析方法，它的目的是根据某种相似度对数据集进行划分，从而简化对事务对象的认识。聚类分析完成后的典型特征是：属于同一类别的数据，彼此之间的相似性很大；但不同类别之间数据的相似性很小，即跨类的数据关联性很低。也正是因为上述特征，聚类分析被形象地形容为“物以类聚，人以群分”。

聚类分析分为层次聚类和非层次聚类。层次聚类包括合并法、分解法和树状图等，非层次聚类包括划分聚类(如著名的 K-means 算法)和谱聚类。聚类分析的典型商业应用场景是客户细分，即依据特定的属性将客户分为不同类型，面向不同类型的客户制定不同的营销或客户关系维护策略，协助业务部门更好地开展工作。聚类分析也可以用于数据预处理，如在对数据总体不清楚的情况下，可以先对原始数据进行聚类，然后再对每类数据分组进行后续分析；或者通过聚类分析对原始数据降维，将众多变量分为少数几个变量，然后进行回归分析。

3.2.2.2 分类分析

分类分析(Classification Analysis)是将事务对象归入预先设定类别的过程，在此基础上进一步分析事务的本质或特征。分类分析与聚类分析很容易被混淆，两者最大的区别是：聚类分析事先并没有类别存在，分析的目的是形成“类”；分类分析时，类别已经事先存在，分类的目的是将数据样本分入不同的类别，故分类分析有时也被戏称为“对样本对象贴标签(类别)”。从聚类分析与分类分析的差异可以看出，聚类分析属于无监督学习(不存在目标变量)，而分类分析则属于有监督学习(存在目标变量)。分类分析属于典型的预测性分析，常见的分类分析算法有 KNN(K 近邻算法)、决策树及贝叶斯分类算法等。

分类分析是最普遍的数据分析任务之一，广泛应用于诸如自动驾驶、精准营销、风险识别等各类实际业务场景中。在商业应用方面，分类分析可以根据业务要求或目的，将数据样本按照特定的要求进行划分。例如，银行在受理客户信用卡申请时，会依据特定指标(如固定资产、月工资、工作性质等)将客户潜在的违约风险进行评估，将其归入“高、中、低”等不同的风险级别，从而确定合适的授信额度。

3.2.2.3 关联分析

关联分析(Association Analysis)又称关联挖掘或关联规则，是用于从大量数据中挖掘出数据项之间有价值关系的过程，其目的是发现事务或对象之间隐含关系与规律。关联分析一般有两个阶段：首先是从海量原始数据中找出所有的高频项目组合，其次是从这些高频项目组合中产生关联规则。关联分析常用于知识发现或模式识别，而非未来场景或目标预测，属于经典的无监督学习方法。常见的关联分析算法有 Apriori、FP-tree、Eclat、灰色关联法等。

关联分析可以从数据项集中发现项与项之间的关系，在商业活动中有很多应用场景，最典型的当属“购物篮分析”。“购物篮分析”最早是为了发现超市销售数据库中不同商品之间的关联关系，即从超市积累的消费者购物清单中，发现同时出现的商品；或者基于电子商务购物平台积累的用户商品购买数据，发现同时出现的商品，从而在商品搭配销售或推荐等策略方面提供业务优化建议。也正是因为上述应用场景，关联分析也被称为“购物篮分析”。

3.2.2.4 回归分析

回归分析(Regression Analysis)指的是利用数据统计原理确定两种或两种以上变量之间相互依赖关系的一种统计分析方法。按照自变量的多少，可以分为一元(一个自变量)回归分析和多元(多个自变量)回归分析；按照因变量的多少，可分为简单回归分析和多重回归分析；按照自变量和因变量之间的关系类型，可分为线性回归分析和非线性回归分析。常见的回归分析算法包括线性回归、逻辑回归、多项式回归等。

回归分析应用领域非常广泛，典型的应用场景有以下几类。一是驱动因素分析，即某个事件、行为或决策等发生与否受到哪些因素影响，分析不同因素对事件发生影响力的强弱，如分析哪些因素会影响到消费者对特定产品的购买意愿。二是预测，即构建回归模型预测特定事件、行为或决策等发生的概率，如预测消费者重复购买某类产品的概率。三是分类，即构建回归模型实现分类算法、因果分析等，如确定现有消费者的类型并开展精细化管理。

3.2.2.5　人工神经网络

人工神经网络(Artificial Neural Network，ANN)，又称神经网络(Neural Network，NN)或类神经网络，在机器学习和认知科学领域，是一种模仿生物神经网络(动物的中枢神经系统，特别是大脑)结构和功能的数学模型或计算模型，用于对函数进行估计或近似。人工神经网络由大量的人工神经元联结进行计算。大多数情况下，人工神经网络能在外界信息的基础上改变内部结构，是一种自适应系统，通俗地讲就是具备学习功能。人工神经网络是一个基于数学、统计学模型的学习方法，是数学、统计学方法的一种实际应用。此外，在人工智能的人工感知领域，通过统计学方法的学习和训练，人工神经网络能够像人一样具有简单的决定能力和判断能力。

目前，人工神经网络已经被用于解决各种各样的问题，如签名验证、语音识别、人脸识别等。在人脸识别中，人工神经网络能够对已经提取的主要特征进行有效分类，将人脸图像、人脸图像部件区域作为神经网络输入数据，隐层节点和输出层节点决定特征提取维数、待识别人脸类数，实现对人脸的有效识别。人工神经网络在很多领域已经得到了很好的应用，但其发展仍需面对许多困难。随着人工智能等相关技术的发展及相关应用场景的丰富，人工神经网络将得到更加有效的完善。

3.2.3　大数据分析工具

编程技术在数据科学实践中至关重要，是非计算机类专业学生开展数据科学学习和实践的门槛之一。近些年来，随着商业软件的完善、开源编程语言的成熟与普及，算法及编程技术的学习门槛正在逐渐降低。本节主要介绍 4 款工具软件，供非计算机类专业学生参考。

3.2.3.1 IBM SPSS Modeler

1. 基础介绍

IBM SPSS Modeler 原名 Clementine，是 IBM 公司的一款数据挖掘与预测分析软件。它将复杂的统计方法和机器学习技术应用到数据当中，提供从数据预处理到建模分析的一系列方法，包含图形可视化、描述性分析、统计检验分析、回归分析、聚类分析、分类分析、关联分析、人工神经网络等多个模块。

IBM SPSS Modeler 具有专业性、易用性、扩展性、高性能、可视化等特点，是领先的数据科学与机器学习解决工具。它通过提供数据准备与发现、预测分析、模型管理和部署以及机器学习等功能，加快数据科学家的任务操作速度，帮助企业加速实现数据价值和经济效益。在操作方面，IBM SPSS Modeler 支持用户通过可视化界面创建模型；在数据预处理及分析建模的过程中，仅需要简单拖拽、点击、设置参数即可，而不必进行编程或知晓算法的内在原理，大大降低了数据分析工作的难度。

2. 特点与应用

(1) 操作简单。IBM SPSS Modeler 采用图形化操作界面，提供了连接数据、统计量和复杂算法的可视化窗口。

它将数据处理、特征工程、算法模型建立等都封装在固定的节点中，每个步骤都由一个图标(节点)表示，将各个步骤连接即可形成一个“流”，通过“流”的形式表示数据沿各个步骤流动。IBM SPSS Modeler 的图形化操作非常简单明了，采用“拖、拉、拽”的方式即可完成模型构建，提高了软件的易用性，降低了用户的入门要求，同时也大大缩短了学习时间，对非计算机类专业学生非常友好。

(2) 功能强大。IBM SPSS Modeler 的定位是商业数据挖掘软件，支持整个数据挖掘流程(从数据获取、转换、建模、评估到最终部署的全部过程)，还支持数据挖掘的行业标准——CRISP-DM。IBM SPSS Modeler 将特征工程、算法模型进行了封装，需要时直接进行调用，大大提高了分析效率，让用户将精力集中在要解决的问题本身。它提供了多种图形化技术，有助于用户理解数据之间的关键性联系，帮助用户发现和预测数据中有用的联系，指导用户以最便捷的途径找到问题的最终解决办法。

3. 安装与使用

可从 IBM SPSS Modeler 中国官方网站下载免费使用版，直接安装程序。IBM SPSS Modeler 的主界面分为 4 个区域：数据流构建区；节点区；流、输出和模型管理区；数据挖掘项目管理区。

数据流构建区：在该区将数据以一条条记录的形式读入，然后对数据进行一系列操作，最后将数据发送至某个地方(如模型或某种格式的数据输出)。通俗地说，此区域是构建和操纵数据流的位置。

节点区："节点"代表着要对数据执行的操作。例如，需要打开某个数据源、添加新字段、根据新字段中的值选择记录等。

流、输出和模型管理区：对于流，可以使用流选项卡打开、重命名、保存和删除在会话中创建的多个流；输出是指节点生成的数据、图表和模型等多种输出结果；对于模型管理，可以将数据挖掘过程中建立的多个模型进行比对，每个模型的具体内容可以在该区切换查看。

数据挖掘项目管理区：用于创建和管理数据挖掘工程，如与数据挖掘任务相关的文件组。

IBM SPSS Modeler 最基本的操作就是将"节点区"的节点拖入"数据流构建区"，利用数据流进行连接，实现各种功能。

关于 IBM SPSS Modeler 的其他详细讲解可参考本书配套资料。

3.2.3.2 Weka

1. 基础介绍

Weka 的全名是怀卡托智能分析环境(Waikato Environment for Knowledge Analysis)，其主要开发者来自新西兰的怀卡托大学(The University of Waikato)。Weka 是一款免费的、非商业化的、基于 Java 环境的开源机器学习以及数据挖掘软件。Weka 软件及其源代码可以在其官方网站免费下载。

Weka 作为一个公开的数据挖掘工作平台，集合了大量能承担数据挖掘任务的机器学习算法，包括对数据进行预处理、分类分析、聚类分析、关联分析以及可视化等操作。2005 年 8 月，在第 11 届 ACM SIGKDD 国际会议上，怀卡托大学的 Weka 小组荣获了数据挖掘和知识探索领域的最高服务奖，Weka 得到了广泛的认可，被誉为数据挖掘和机器学习历史上的里程碑，是现今最完备的数据挖掘工具之一。

2. 特点与应用

Weka 是基于 Java 语言编写的开源软件，可以设计合适方案进行二次开发。Weka 是小而美的数据挖掘工具：当维度为适当维度时，具有较好的挖掘应用和效果；当维度特别高时(如达到千维及以上)，训练样本数达到万级以上时，其可用性是极差的，且算法库有限。

Weka 主要应用于对数据进行预处理、分类分析、聚类分析、关联分析、属性选

择以及可视化，所有它的jar包还可以导入Java语言的工程中，直接调用API。Weka可以打开Excel文件，可以连接到数据库，对于数据分析与预测十分方便。

3. 安装与使用

进入Weka的官方网站，打开Download栏，可以进入下载页面，里面有支持Windows、Mac OS、Linux等不同平台的版本。若本机没有安装Java语言，可以选择带有JRE的版本，下载后是一个exe的可执行文件，双击进行安装即可。

Weka启动界面共有以下4个应用。(1)Explorer：用来进行数据实验、挖掘的环境，提供了分类分析、聚类分析、关联分析、特征选择及数据可视化等功能。(2)Experimentor：用来进行实验，对不同学习方案配置数据测试的环境。(3)KnowledgeFlow：功能和Explorer差不多，不过提供的接口不同，用户可以使用拖拽的方式建立实验方案，且支持增量学习。(4)SimpleCLI：简单的命令行界面。

Weka主要执行数据挖掘的数据预处理、模型训练、结果验证三个步骤。(1)数据预处理，包括特征选择、特征值处理、样本选择等操作。(2)模型训练，包括算法选择、参数调整、模型训练。(3)结果验证，对模型效果进行评估，验证模型结果。

关于Weka的其他详细讲解可参考本书配套资料。

3.2.3.3 Python

1. 基础介绍

Python由吉多·范罗苏姆(Guido van Rossum)于1990年初设计，其设计初衷是让Python成为ABC语言(一种教学编程语言)的替代品。Python提供了高效的高级数据结构，还能简单有效地面向对象编程，可轻松实现执行几乎所有大数据分析操作。Python语法和动态类型以及解释型语言的本质，使它成为多数平台上写脚本和快速开发应用的编程语言。因其设计理念是优雅、明确、简单，且易于学习、功能强大，使得使用者专注于解决问题，而不至于陷入语言细节，从而省去了复杂的工作。

吉多·范罗苏姆有一句名言“Life is short. You need Python”，翻译成中文就是“人生苦短，我用Python”。Python解释器几乎可以在所有的操作系统中运行，且易于扩展，可以使用C语言或通过C语言调用其他语言来扩展新的功能和数据类型。Python具有十分强大的可嵌入性，可嵌入C/C++程序中，让程序用户获得“脚本化”的能力。Python是一个由社群驱动的自由软件，具备丰富的标准库，提供了适用于主要系统平台的源代码或机器码。TIOBE排行榜的数据显示，Python已经成为最受欢迎的编程语言之一，诸如谷歌、腾讯等著名科技公司都在大规模使用Python设计和开发程序。

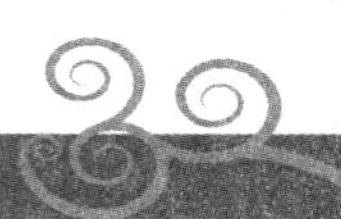

2. 特点与应用

Python 具有以下点。(1)学习难度低。Python 的语法较为简单，容易理解、容易学习，结构清晰、可读性好，极易上手。(2)开发效率高。Python 可以让使用者以更少的代码、更短的时间完成学习或工作，其代码量比其他编程语言更少。(3)资源库丰富。Python 的标准库功能强大，还有众多高质量的第三方程序库，为使用者提供了便利。(4)可移植性好。Python 是解释性语言，它的执行只与解释器有关，可以移植到不同类型的操作系统上运行。(5)扩展性好。通过各类接口或函数库，可以在 Python 程序中调用其他编程语言编写的代码，整合在一起完成工作。(6)运行速度慢。在程序的执行性能上，Python 的表现不如 C、Java 等语言，但在一般应用场景使用时影响不大，且可以通过其他语言改写关键部分程序来优化运行速度。

Python 有以下应用领域。(1)Web 应用开发。Python 提供了 Web 开发框架，像 Django、Flask、Tornado 等，且在自动化运行与维护方面具有出色的表现，开发者可以轻松地开发、管理复杂的 Web 程序。(2)科学计算。Python 在数据分析、可视化方面有相当完善和优秀的库，如 NumPy、SciPy、Matplotlib、pandas 等，可以满足 Python 程序员编写科学计算程序的需求。(3)网络爬虫。Python 提供很多服务于网络爬虫的工具，如 urllib、Selenium 等，其 Scrapy 网络爬虫框架应用非常广泛。(4)数据分析与处理。Python 擅长进行科学计算和数据分析，支持各种数学运算，可以实现对 GB 甚至 TB 规模的海量数据进行处理。(5)人工智能。Python 在机器学习和深度学习方面有着非常出众的优势，目前优秀的人工智能学习框架，如 Google 的 TransorFlow(神经网络框架)、开源社区的 Keras 神经网络库等都用 Python 实现。

3. 安装与使用

目前 Python 有两个版本，一个是 Python 2.x，另一个是 Python 3.x，两个版本并不兼容。2020 年，官方已经宣布停止 Python 2.x 的更新，所以建议初学者直接下载和使用 Python 3.x 等最新版本。

从 Python 官方网站上可以选择下载不同操作系统的 Python 解释器，打开进入，选择不同版本的安装程序下载即可。

下载完成后，运行安装程序，在提示的对话框中选择“Add Python exe to PATH”复选框。第一个安装选项“Install Now”为默认安装，由程序自动选择安装组件和安装路径；第二个安装选项“Customize installation”为个性化安装，由用户选择安装组件和安装路径。

安装完成后，用户的计算机会自动安装与 Python 程序编写和运行相关的程序，包括 Python 命令行和 Python 集成开发环境(IDLE)。

关于 Python 的其他详细讲解可参考本书配套资料。

4. 常见数据分析包

Numpy：支持对多维数组对象的处理，具有矢量运算能力，支持高级大量的维度数组与矩阵运算，针对数组运算提供了大量的数学函数库，如代数求解公式、统计运算等。

Pandas：用于处理复杂的数据集，纳入大量库和标准数据模型，提供高效的操作数据集所需的工具，以及大量快速便捷处理数据的函数和方法。

Matplotlib：用 Python 实现类第三方库 matlab，用以绘制一些高质量的数学二维图形，提供了一套面向对象绘图的 API，可以轻松地配合 Python GUI 工具包(如 PyQt、Tkinter)在应用程序中嵌入图形。

Scipy：用于数学、科学、工程领域的常用软件包，可以处理插值、积分、优化、图像处理、常微分方程数值解的求解、信号处理等问题。它用于有效计算 Numpy 矩阵，使 Numpy 和 Scipy 协同工作，高效解决问题。

MySQLdb：用于 Python 链接 MySQL 数据库的接口，实现了 Python 数据库 API 规范 V2.0，让使用者获取与数据库的连接，便捷执行 SQL 语句和存储过程。

3.2.3.4 R

1. 基础介绍

R 是开源的大数据分析工具之一，主要用于统计分析、科学计算、数据可视化等工作。R 由新西兰奥克兰大学的统计学家罗斯·伊哈卡(Ross Ihaka)和罗伯特·杰特曼(Robert Gentleman)以 S 语言为基础开发，其语法来自 Scheme，可与任何编程语言(如 Java、C、Python)集成，也有其他用户编写诸多外挂的软件包，以进行更准确的数据传输和分析。

R 是属于 GNU 系统的一个自由、免费、源代码开放的软件，R 有已编译的执行档版本可以下载，可在多种平台下运行，其中 RStudio 与 Jupyter 等图形用户界面被广泛使用。R 是一种解释型的面向数学理论研究工作者的语言，它在语法层面提供了丰富的数据结构操作，可以十分方便地输出文字和图形信息，已经被广泛应用于数学尤其是统计学领域。2022 年 12 月 TIOBE 排行榜的数据显示，R 在编程语言人气排行榜排名第 11 位。

2. 特点

(1) 免费、开源。可在 R 官方网站及其镜像站点下载任何有关的安装程序、源代码、程序包及其源代码、文档资料。

(2) 容易学习。R 是一个开放的统计编程环境，语法通俗易懂，可读性强。

(3) 数据类型丰富。R 具有包括向量、矩阵、因子、数据集等在内的常用数据结构，提供了一套用于数组、列表、向量和矩阵计算的运算符。

(4) 功能强大。R 提供了大型、一致和集成的工具集合，所有 R 的函数和数据集都保存在程序包里面，所包含的模块丰富，利于复杂的统计分析和数据可视化，像 base——R 的基础模块、mva——多元统计分析模块等。

(5) 互动性强。R 的输入、输出窗口都在同一个窗口进行，对以前输入过的命令有记忆功能，可以随时再现、编辑修改，以满足用户的需要，和其他编程语言和数据库之间有良好的接口。

3. 安装与使用

进入 R 官方网站，单击“Download R”按钮，选择 China 中的第一个的镜像链接(清华大学开源)，然后即可选择不同系统的安装程序。交互环境一般推荐使用 RStudio，可到网站 www.rstudio.com 下载免费版。

关于 R 的其他详细讲解可参考本书配套资料。

3.3　常见的相近技术概念辨析

本节重点介绍人工智能与机器学习，并进一步辨析常见易混淆的术语，帮助学生更好地理解与大数据相关的技术和现象。

3.3.1　人工智能

作为新一轮科技革命和产业变革的重要驱动力，人工智能已上升为国家战略。人工智能(Artificial Intelligence，AI)也被称为机器智能，是指在机器和人的双重作用下感知现实环境和虚拟环境，通过自动分析将这些感知抽象化，使用推理模型处理信息并能够为人类特定目的做出预测、建议和决策的机器系统。

人工智能是计算机科学的一个分支，由四个主要部分组成：专家系统，即模仿专家做出决策；启发式问题解决，即寻找接近最佳的解决方案；自然语言处理，即实现人机之间的交互；计算机视觉，即自动生成识别形状和功能的能力。对人工智能的研究具有高度的技术性和专业性，在不同的分支领域各不相同，涉及范围极广。

人工智能存在强、弱人工智能观点之争。强人工智能认为“有可能”制造出“真正”能推理和解决问题的智能机器，即机器可以像人一样思考和推理。弱人工智能认为“不可能”制造出能“真正”推理和解决问题的智能机器，所谓的智能机器不过是“看起来”像是智能的，但是并不真正拥有智能，也不会有自主意识。

当前阶段，人类已经制造出一些“看起来”像是智能的机器。例如，在医疗影像识别领域，人工智能已经可以较好地识别图像内容；在语言分析领域，智能语音系统已经可以跨语种甚至方言交互；在棋类游戏方面，AlphaGo 甚至战胜了人类最顶尖的围棋高手。这些所谓的弱人工智能已经有了巨大进步，但对于如何集成为强人工智能，目前还没有明确定论。

大数据与人工智能相辅相成。一方面，大数据的积累推动了人工智能的发展。大数据具备数据规模不断扩大、种类繁多、可靠性要求严格、价值大但价值密度较低等特点，为人工智能提供了丰富的数据积累和训练资源。人工智能产品在开发过程中，需要使用数据对模型进行“训练”和“验证”；一般来说，数据量越大，模型的拟合度就越好，人工智能产品的可靠性和稳定性就越高。另一方面，人工智能可以推进大数据应用的深化。随着人工智能技术应用广度的不断延伸和深度的不断拓展，它能够从数据中获得更准确、更深入的知识，产生新知识并挖掘数据背后更大的价值。

3.3.2 机器学习

简单来说，机器学习是一类对数据自动分析从而获得规律，并利用规律对未知数据进行预测的算法。机器学习是人工智能的分支，是人工智能获得智能性的根本途径；换句说话，人工智能以机器学习为手段，解决人工智能实现过程中的模型构建问题。按照是否对学习系统有目标反馈，机器学习通常可以分为有监督学习、无监督学习和强化学习，如图 3-6 所示。

3.3.2.1 有监督学习

有监督学习(Supervised Learning)在训练和测试数据集中已经指定了目标变量，学习的目的是在输入对象与预期目标之间建立“模式”，并依照此模式推测新的实例。经典的有监督学习包括分类分析、回归分析、决策树、朴素贝叶斯、支持向量机等算法。

在有监督学习中，最常见的例子是分类分析，即将新目标对象按照训练好的分类器加以区分；而在训练分类器时，需要明确告诉算法最终目的是什么。例如，在金融反欺诈的商业应用场景中，需要事先在训练数据集中标明哪些是诚信用户、哪些是欺诈用户，即客户类别是目标变量；在上述基础上，训练算法去学习不同类别数据的特征，在特征与类别之间建立关系。

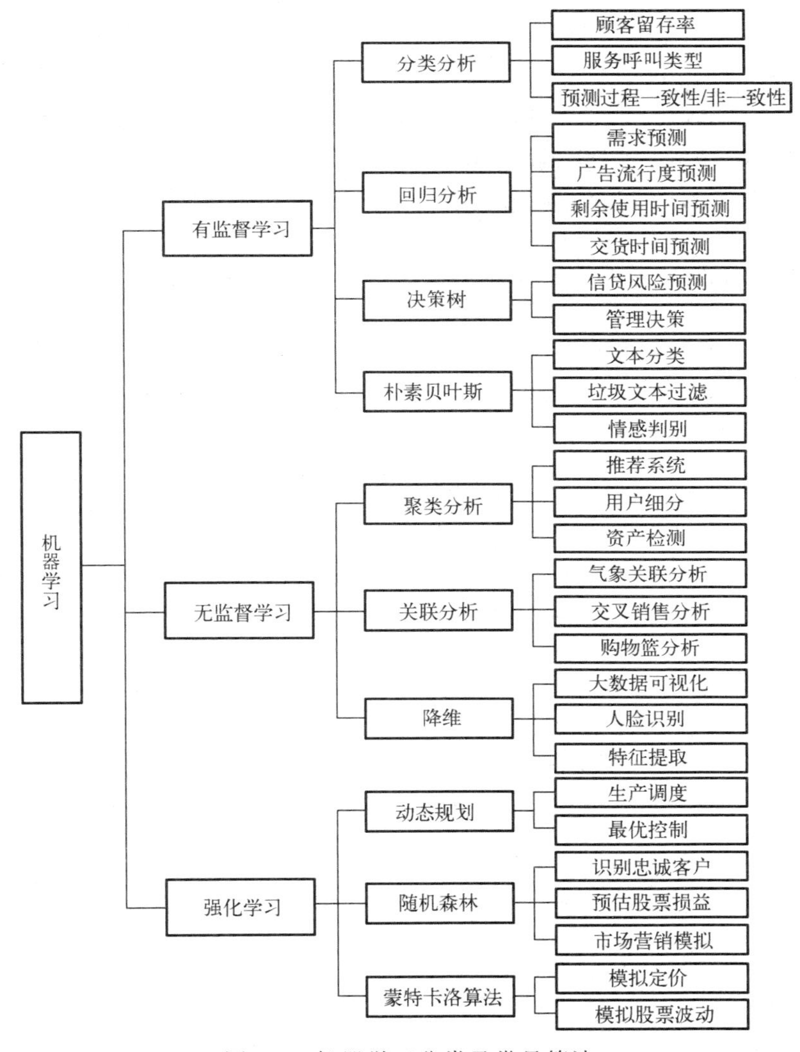

图 3-6　机器学习分类及常见算法

3.3.2.2　无监督学习

无监督学习(Unsupervised Learning)又称为非监督式学习，在数据集中并没有给定标记过的目标示例，算法通过自动对输入的资料进行分类或分群，发现特定的规律或知识。无监督学习的典型算法包含聚类分析、关联分析、降维等。

在无监督学习中，最常见的例子是聚类，即将相似的对象聚在一起，但是算法并不关心最终“聚”到的类是什么。聚类分析一般被作为其他算法的预处理。

例如，在海量数据分析场景下，分析全部数据耗时耗力；可以通过聚类分析将相似度较高的数据聚在一起，然后使用其他算法或工具对不同类别下的数据做更深一步的分析。

3.3.2.3 强化学习

强化学习(Reinforcement Learning)受行为心理学启发，主要关注智能体如何在动态环境中采取不同的行动，通过不断与环境的交互、试错，最终完成特定目的或使得整体行动收益最大化。强化学习主要由智能体(Agent)、环境(Environment)、状态(State)、动作(Action)、奖励(Reward)组成。它不需要训练数据的标签(Label)，但需要环境对每一步行动给予反馈，即是奖励还是惩罚；随后，智能体根据新的状态和环境的反馈，按照一定的策略执行新的动作。在上述过程中，智能体和环境通过状态、动作、奖励等方式进行交互。

智能体通过强化学习，可以知道自己在什么状态下，应该采取什么样的动作使得自身获得最大奖励。由于智能体与环境的交互方式同人类与环境的交互方式类似，可以认为强化学习是一套通用的学习框架，用来解决通用人工智能的问题。因此，强化学习也被称为通用人工智能的机器学习方法。

3.3.3 人工智能、数据挖掘、机器学习之间的关系

由于人工智能、数据挖掘、机器学习等名词频繁出现，很多场合下甚至在替换使用，很多学生甚至部分老师也不能解释它们彼此之间的关系。本节将对人工智能、数据挖掘、机器学习的概念进行区分，并介绍它们之间的关系，如图 3-7 所示。

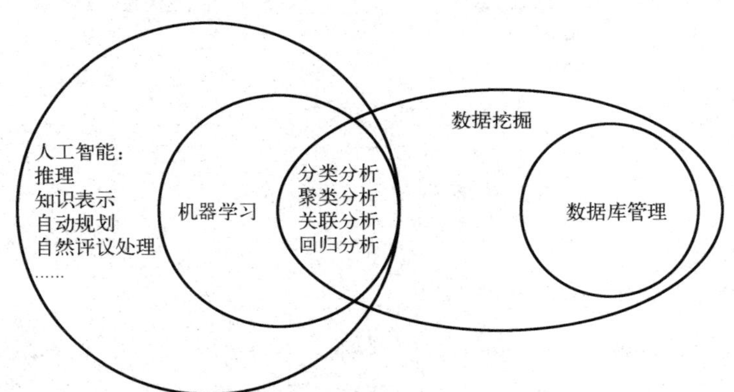

图 3-7 人工智能、数据挖掘、机器学习关系图

简单地说，人工智能指由人类制造出来的机器所表现出来的智能，主要通过计算机程序及算法为机器赋予人类的智能，使其具有与人类类似的感知、语言、

思考、学习、行动等能力。数据挖掘指使用机器学习、统计学和数据库等方法，在相对大量的数据集中发现规律与模式、提取有用知识的过程。机器学习是人工智能的一个分支，指从数据中自动分析获得规律，并利用规律对未知数据进行预测的学习算法。

数据挖掘与机器学习有很多关联点。例如，两者都是从数据中学习挖掘，采用关键算法来发现新的数据模式。机器学习会使用数据挖掘技术来构建模型和查找模式，做出更好的预测。数据挖掘也会使用机器学习技术来挖掘数据中有价值的信息，做出更快、更准确的分析。机器学习为数据挖掘提供技术支撑，以提高挖掘效率；数据挖掘可以为机器学习提供有效的数据进行训练，从而提高模型的拟合度。

数据挖掘与机器学习之间也有很大的不同，体现在以下几个方面。

从目的的角度来看，数据挖掘旨在从大量数据中提取规则，根据收集的数据总量来确定特定结果，规则或模式在流程开始时是未知的。而机器学习则是被赋予一些规则或变量来理解数据和学习，从而训练一个系统来执行复杂任务，并使用收集的数据和经验使自身变得更加智能。

从学习基础的角度来看，数据挖掘依赖于大规模的数据集，从现有信息中使用算法挖掘和评估，寻找有助于塑造我们决策过程的新兴模式。机器学习依赖于算法，从现有数据中学习，要求以标准格式提供数据迭代学习，为机器自学提供所需的基础。

从准确性的角度来看，数据挖掘的准确性取决于数据的获取方式，由于数据挖掘需要人类参与，因此它可能会忽略一些关键关联。而机器学习可以产生更准确的结果，当新的数据或趋势出现时，算法将通过自主学习的方式自动吸收这些变化，而无须重新编程或人为干预。

从范围的角度来看，数据挖掘通过可视化等方法连接各种数据收集属性，查找数据集中两个或多个属性之间的链接和关系模式，并利用此信息来预测事件或操作。相比之下，机器学习用于预测结果(如价格估计)，会在获得经验时自动学习模型并提供即时反馈。

从实现途径的角度来看，数据挖掘通过创建诸如跨行业标准数据挖掘流程模型之类的模型，采用数据库、数据挖掘引擎和模式评估进行知识发现。机器学习利用神经网络和自动化算法来预测结果，通过使用学习算法来实现。

课后习题

1．请简述常见的数据管理技术。

2．请简述数据加工技术的环节，解释每个环节的含义与要点。

3. 请列出商务数据分析技术体系的类型及代表性算法。

4. 请解释聚类分析和分类分析的联系与区别。

5. 请简述人工智能、数据挖掘、机器学习之间的关系。

课后案例

“科技范儿”的北京冬奥会

2022 年 2 月 4 日晚，万众瞩目的北京冬奥会终于拉开帷幕。本届冬奥会体现着十足的“科技范儿”，大量运用了人工智能、5G 和云计算等新科技。无论是开幕式、场馆建设、场馆运营，还是赛会组织、观赛体验、疫情防控等，都体现着“科技冬奥”的理念和元素。在本次冬奥会中，旷视科技携手生态合作伙伴，提供多维度技术服务与决策支持，以科技赋能北京冬奥会，全方位参与了这场在“家门口”举办的奥运筹备过程。

旷视科技创立于 2011 年，是一家人工智能产品和解决方案提供商。以深度学习为核心竞争力，融合算法、算力和数据，旷视科技打造出“三位一体”的新一代人工智能生产力平台。在此次冬奥会中，旷视科技提供了一系列便捷、精准、高效的人工智能技术应用，大幅度地提升了运动员、观众和工作人员的参赛、观赛和运营体验。

旷视科技为开幕式举办地和速滑比赛场馆带来了一位“智能向导”——提供定位精准、随叫随到的引导服务。当世界各地的参赛运动员置身大型场馆中，找座位、洗手间和商超，常常有“摸不到门，找不着北”的困扰。为此，旷视科技基于人工智能技术，探索一种低成本、高精度、易使用的室内视觉定位方式。相较于传统的室内定位技术，视觉定位技术具有高精度、易部署的特点，无须对室内建筑环境二次改造，仅使用激光视觉地图采集设备对现有环境采集，就可以实现定位功能。

与传统室内导航相比，该系统主要有两个亮点：精度提升至亚米级，相比较而言，传统 GPS 定位精度在 5 米左右，Wi-Fi、蓝牙定位则是 1～3 米；无须额外增加传感器，室内环境也不用加装辅助定位设备，具备成本优势。旷视科技冬奥项目工程师表示，观众通过手机随手拍方式便可轻松定位；同时支持离线识别定位，在人流密度较大、5G/4G 无法完全覆盖的场所仍然可顺畅导航。

作为一场全球性的盛会，安全健康始终是奥运各参与方关注的重中之重。为了将新冠肺炎疫情的风险降到最低，本届冬奥会运用了一系列科技手段，实现了整个赛事的闭环管理。而这其中，便有人工智能技术的智慧加持。旷视科技打造的“区

间智能防疫系统”，实现了快速无感测温与健康核验功能，将防疫信息检测速度从分钟级提升到秒级，全方位助力闭环区域的科学防疫。

奥运热情点燃了冬天里的一把火。赛场上奥运选手们不断刷新纪录，而场馆内外则见证着科技应用的不断突破。正如奥运选手们不断追求更高、更快、更强，人们将科技奥运推向新高度的追求也将继续下去。流水争先，绵绵不绝。旷视科技将进一步助力场馆之间的智慧融合、城市大脑的智慧升级，并携奥运的智慧火种，让人工智能加速走向实业。

阅读上述材料，请回答下列问题。

1. 本案例中主要运用了哪些大数据相关技术？
2. 旷视科技的相关技术是如何助力北京冬奥会的，带来了哪些便利？
3. 除了案例提供的材料，北京冬奥会还用到了哪些最新的科技应用？

第 2 篇　管　理　篇

第 4 章

大数据的产业影响

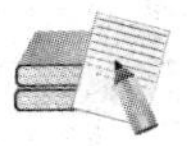

课前导读

本章主要介绍大数据带来的产业变革与影响、大数据的行业应用。重点从“造技术(开发)”和“用技术(管理)”两个视角出发,分析大数据产业链的构建与完善,然后进一步介绍大数据在金融行业、医疗行业、物流行业、电子商务行业、旅游行业的广泛应用。本章从理论层面论述大数据产业链与行业应用，通过理论+案例相结合的方式帮助读者更加深刻理解大数据带来的变革和影响。本章内容组织结构如图 4-1 所示。

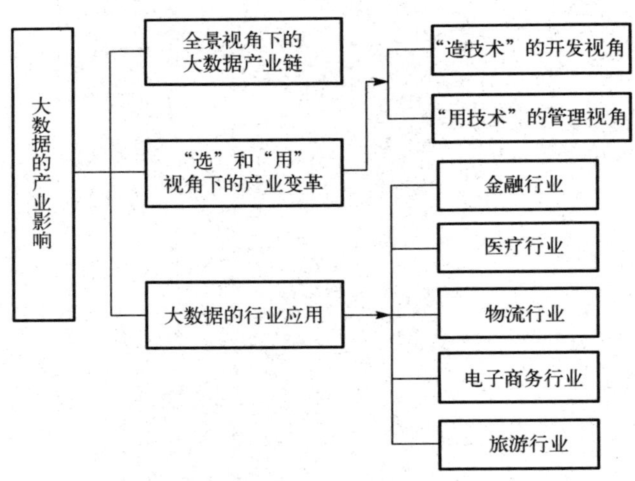

图 4-1　本章内容组织结构

学习目标

目标 1：熟悉全景视角下的大数据产业链。

目标 2：理解“造技术”“用技术”视角下的产业变革。

目标 3：熟悉大数据在主要行业的应用。

目标 4：能够使用“造技术”“用技术”框架分析特定行业布局。

重点 1：全景视角下的大数据产业链。
重点 2：“造技术”视角的含义。
重点 3：“用技术”视角的含义。

难点 1：“用技术”视角下的大数据行业应用。

2013 年年初，《大数据时代》一书正式出版，很快成为风靡全球的畅销书，其作者维克托·迈尔·舍恩伯格也因此被誉为“大数据商业应用第一人”。维克托·迈尔·舍恩伯格在书中前瞻性地指出，大数据带来的信息风暴正在变革我们的生活、工作和思维，开启了一次重大的时代转型。受大数据革命的影响，各国都在积极推动产业的信息化、数字化和智能化转型，积极利用大数据重塑产业链布局。

4.1　全景视角下的大数据产业链

我国大数据产业布局相对较早。早在 2011 年，工业和信息化部就把信息处理技术列为四项关键技术创新工程之一，为大数据产业的发展奠定了一定的政策和技术基础。2014 年，“大数据”被首次写入我国《政府工作报告》，大数据产业政策上升至国家战略层面。2015 年，贵阳大数据交易所经政府批准成立并正式挂牌运营，这是全国第一家以大数据命名的交易所，在全国率先开始探索数据流通交易价值和交易模式，标志着我国大数据产业链更加完整。我国大数据产业规模日趋成熟。

一般来说，大数据产业是以数据及数据所蕴含的信息价值为核心生产要素，通过数据技术、数据产品、数据服务等形式，使数据与信息价值在不同行业的经济活动中得到充分释放的赋能型产业。从行业整体角度来看，大数据产业链由基础支撑层、数据资源层、数据服务层、安全保障层、融合应用层五大组成部分（见图 4-2）；从产业链关系角度来看，又可以分为上游、中游、下游等不同环节。

基础支撑层是大数据产业的基础和底座，它涵盖了云计算资源管理平台，网络、存储和计算等硬件设施，以及与数据采集、数据分析等相关的底层方法和工具。

数据资源层是大数据产业发展的核心要素，包括数据价值评估、数据确权、数据定价和数据交易等一系列活动，实现数据交易流通以及数据要素价值释放。

数据服务层是大数据市场的未来增长点之一，立足海量数据资源，围绕各类应用和市场需求，提供辅助性服务，包括数据采集和处理服务、数据分析服务、数据治理和可视化服务等。

安全保障层是大数据产业持续健康发展的关键，涉及数据全生命周期的安全保障，主要包括安全管理、安全服务、安全边界、安全计算等。

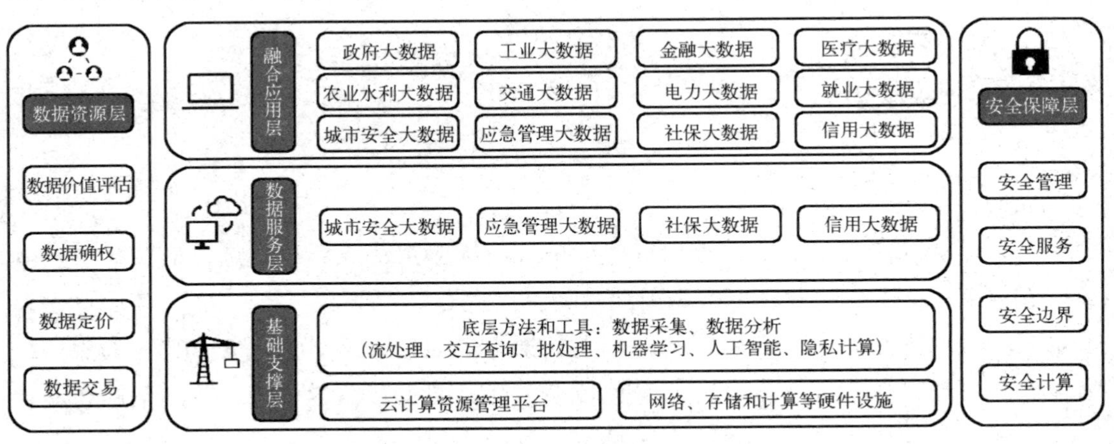

图 4-2　大数据产业链

融合应用层是大数据产业的发展重点，主要包含与政务、农业、生产制造业及服务业等行业应用紧密相关的整体解决方案。融合应用最能体现大数据的价值和内涵，是大数据技术与实体经济深入结合的体现，能够助力实体经济企业提升业务效率、降低成本，也能够帮助政府提升社会治理能力和民生服务水平。

从产业链上中下游分布来看，大数据产业上游主要是基础支撑层，包括存储设备、计算机设备、基础运营商等企业。大数据产业中游企业主要立足海量数据资源，围绕各类应用和市场需求，提供辅助性的服务，如大数据分析、数据安全保障等。大数据产业下游主要是大数据应用行业的企业或组织，实现大数据在具体场景中的应用。

4.2　“造”和“用”视角下的产业变革

理解大数据变革的产业影响是商科学习与管理实践的重要基础。借鉴清华大学陈国青教授关于信息系统研究的观点，本书引入“造(Make)”和“用(Use)”两大视角来解释大数据变革给产业带来的影响。

4.2.1　“造技术”的开发视角

“造技术”的开发视角主要关注技术开发、改进与实施，即关注底层硬件技术的

开发与建设、软件技术与系统的开发与迭代。就大数据产业链来说，底层硬件基础设施的开发与建设、底层算法与软件技术的迭代与演进，是构建我国大数据产业链的技术基础和底座。在“造技术”领域，新型基础设施建设(即新基建)是我国在新一代信息基础设施建设领域的重大布局。

2021年4月20日，国家发展和改革委员会首次明确新型基础设施的范围，明确新基建主要包括以下三方面内容。

一是信息基础设施，主要指基于新一代信息技术演化生成的基础设施，如以5G、物联网、工业互联网、卫星互联网为代表的通信网络基础设施，以人工智能、云计算、区块链等为代表的新技术基础设施，以数据中心、智能计算中心为代表的算力基础设施等。

二是融合基础设施，主要指深度应用互联网、大数据、人工智能等技术，支撑传统基础设施转型升级，进而形成的融合基础设施，如智能交通基础设施、智慧能源基础设施等。

三是创新基础设施，主要指支撑科学研究、技术开发、产品研制等具有公益属性的基础设施，如重大科技基础设施、科教基础设施、产业技术创新基础设施等。

新型基础设施的内涵与外延不是一成不变的，而是与具体的技术革命和产业变革有很大关系。随着技术革命和产业变革的发展，需要对新基建的内涵、外延进行持续的跟踪与研究。

近年来，我国新基建投资不断加大和基础设施逐渐完善，中国版的“信息高速公路”呼之欲出。所谓“信息高速公路”计划，是20世纪90年代美国克林顿政府提出的，旨在以因特网为雏形，兴建信息时代的高速通信网络，使所有的美国人能够更加便捷地共享海量的信息资源。该项政策在当时不仅帮助美国政府克服了经济下行的趋势、发挥了刺激经济增长的作用，更是夺回了美国在重大关键技术领域的领导地位。信息高速公路建成后，美国的企业劳动生产率提高了20%～40%，还培育出了谷歌、苹果等一批互联网时代的世界级领袖企业。

从“造技术”的开发视角来看，我国新基建已经初具规模。

在5G领域，我国正在启动全面的独立组网5G基础网络建设。截至2022年4月末，我国已建成5G基站161.5万个，成为全球首个基于独立组网模式规模建设5G网络的国家。5G基站占移动基站总数的比例为16%。此外，我国在5G关键技术创新领域不断取得新突破，我国企业声明的5G标准必要专利数量一直保持世界领先。

在数据中心领域，随着大数据和人工智能的广泛应用，算力需求大幅增长，互

联网龙头企业争相建设超大规模的数据中心。2022 年 2 月，国家发展和改革委员会等有关部门，同意在京津冀、长三角、粤港澳大湾区、成渝、内蒙古、贵州、甘肃、宁夏 8 地启动建设国家算力枢纽节点，并规划了 10 个国家数据中心集群。全国一体化大数据中心体系完成总体布局设计，“东数西算”工程正式全面启动。

在工业互联网领域，许多大型工业企业都在加快建设行业工业互联网平台，部署与机械装备相互连接的边缘计算网络。例如，在传统的家电制造行业，涌现了海尔卡奥斯工业互联网平台、TCL 东智工业应用智能平台、美的美云智数工业互联网平台等优秀企业案例；在新兴的互联网科技行业，出现了百度开物工业互联网平台、科大讯飞图聆工业互联网平台等优秀解决方案。

在人工智能领域，许多科技型企业正在积极迭代新的人工智能算法、建设人工智能开放平台。人工智能领域的技术开发难度大，对人才与资金的要求高，并不适合大多数中下游企业。积极鼓励和大力支持领军企业、科研院所建设开源开放平台，是降低人工智能技术门槛、推进人工智能商业化发展的关键。例如，在自动驾驶、语音识别、医疗读片等领域，已经涌现出百度 Apollo 系统、科大讯飞、依图医疗等优秀技术产品与平台。

4.2.2 “用技术”的管理视角

“用技术”的管理视角主要关注技术的应用、治理与价值，即大数据技术在具体行业的应用、生态塑造与价值变现。就大数据产业链来说，大数据技术与具体行业的融合应用、服务场景开发、商业模式的设计等，是促进底层技术良性转化、构建我国大数据产业链、繁荣我国数字经济的关键。从“用技术”的管理视角来看，我国新基建的行业应用影响已经初见成效。

在 5G 领域，作为新一代通信基础设施的核心，5G 将会在数据量、数据类型、边缘计算、应用场景扩展等方面带动大数据产业链的发展。例如，5G 将会提升连接速率和降低时延，强化物与物之间的连接，激发物联网的应用潜力，使得数据产生的数量/类型及维度更加丰富。5G 还将提升终端设备存储、处理和分析数据的速度及效率，促进边缘计算的发展，优化数据中心的工作流程。此外，借助 5G 高带宽、低时延的特点，大数据所承载的业务形式和应用场景将会更加复杂多样，大数据商业价值将得到进一步挖掘，加速大数据与人工智能的融合发展及落地应用。

在数据中心领域，超大规模数据中心的建设对大数据产业链的构建影响深远。以“东数西算”工程为例，在技术创新融合方面，“东数西算”工程数据中心的集聚效应有望推动异构算力融合、云网融合、多云调度、数据安全流通等；也能够推动技术创新和模式创新，加强对关键技术产品的研发支持和规模化应用。在推进大数据生态构建方面，“东数西算”工程有望加强数据中心上游设备制造业和下游数据要素流通、数据创新型应用和新型消费产业等集聚落地；同时支持西部算力枢纽围绕数据中心就地发展数据加工、数据清洗、数据内容服务等偏劳动密集型产业。

在工业互联网领域，工业互联网平台的建设与应用不仅有望重塑单一行业的生产、制造、管理与销售系统，还有望实现跨行业、企业的联动和协同效应。以海尔卡奥斯工业互联网平台为例，该平台创建于 2017 年 4 月，是海尔基于 30 多年制造经验打造的国家级“跨行业跨领域”工业互联网平台。海尔卡奥斯工业互联网平台定位为引入用户全流程参与体验的工业互联网平台，为全球不同行业和规模的企业提供面向场景的数字化转型解决方案，推动生产方式、商业模式、管理范式的变革，促进新模式、新业态的普及，构建“政、产、学、研、用、金”共创共享、高质量发展的工业新生态。

在人工智能领域，领军企业正在积极营造开放的行业生态，降低人工智能技术的应用门槛，构筑完整的大数据产业生态链。以百度 AI 开放平台为例，该平台面向企业、机构、创业者、研发者，将百度在人工智能领域积累的技术以 API 或 SDK 等形式对外共享，提供全球前沿的语音识别与合成、OCR（Optical Character Recognition，即利用电子设备识别纸张字符，并翻译为计算机文字的过程）、人脸识别、NLP（Natural Language Processing）自然语言处理等数十项服务，开放 DuerOS（语音智能识别与交互系统）、Apollo（自动驾驶开放平台）两大行业生态，并提供面向不同应用场景的解决方案。

 4.3　大数据的行业应用

大数据不是简单的海量数据，而是蕴含价值的宝藏。时至今日，大数据已经在诸多行业得到应用，正在推动和重塑传统行业的发展模式。

4.3.1　金融行业

金融行业每天都会产生大量的数据，是典型的数据驱动型行业。此外，金融行业不是一个独立的行业，其数据关系到现实世界的所有行业，通常会引入外部行业数据开展联合分析，形成了一系列具有行业特色的典型应用。大数据在金融行业的典型应用如图 4-3 所示。

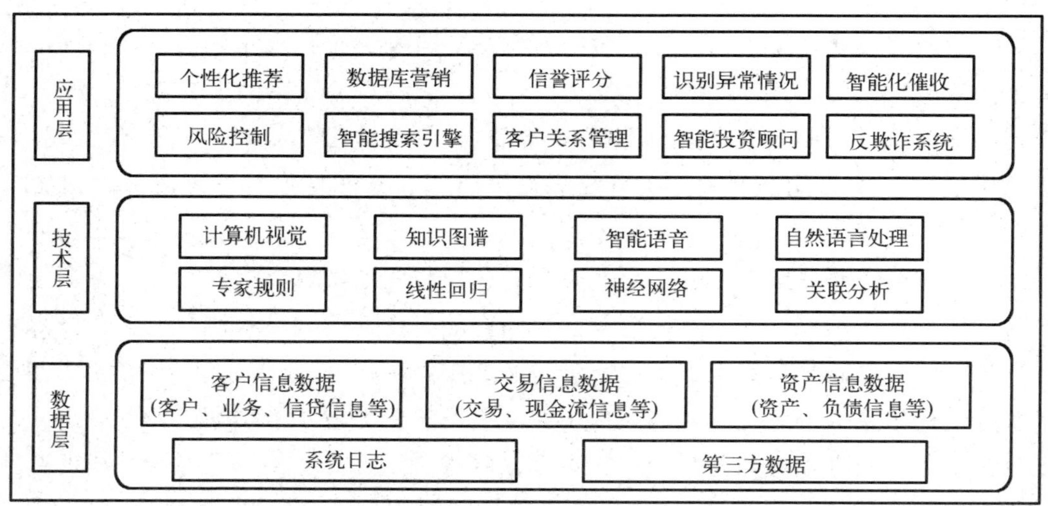

图 4-3　大数据在金融行业的典型应用

大数据在金融行业的应用可以分为三个层次，即数据层、技术层和应用层。数据层包括客户信息数据、交易信息数据、资产信息数据、系统日志、第三方数据等与金融相关的数据。技术层包括计算机视觉、知识图谱、智能语音、自然语言处理、专家规则、线性回归、神经网络、关联分析等支撑技术。应用层则包括个性化推荐、数据库营销、信誉评分、识别异常情况、智能化催收、风险控制、智能搜索引擎、客户关系管理、智能投资顾问、反欺诈系统等各类金融服务场景。

下面以决策支持、风险控制为例，介绍大数据在金融行业的应用。

1. 决策支持

整合多源数据对股票交易进行辅助决策是大数据在金融行业的典型应用。证券公司在选择投资的时候，不仅需要参考待投资企业内部的资料，还需要对待投资企业外部环境做出更精准的分析，如及时了解市场的行情。得益于更加广泛的数据基础，证券公司可依此构建更多元的量化因子，不断完善投资研究模型。同时，还可以运用大数据技术收集并分析社交平台如微博或专业论坛上的相关信息，以感知市场情绪，了解市场对投资企业的看法。此外，依托大数据量化模型分析客户的风险偏好、交易行为等个性化数据，还可为客户提供低门槛、低费率的个性化理财方案。

在信息技术时代，人们进行股票交易时，不仅参考上市公司的一些文字性信息，还会通过计算一些指标来进行多个股票之间的对比。例如，Tushare 是一个免费、开源的 Python 财经数据接口包，它能够实现对股票等金融数据的采集以及对相关数据的处理，支持数据分析和数据分析结果的可视化展示等功能。人们可以调用 Tushare，计算股票的收益率、换手率、净资产收益率、近 20 日日均振幅等指标，进行多个股票之间的对比，开展辅助投资决策。

2. 风险控制

从整个商业大环境来说，利用大数据进行风险控制已经在多个行业得到了广泛应用。以金融行业为例，在大数据技术的支持下，金融机构可以依靠客户历史交易数据来识别客户的潜在风险，对客户不同类型的行为数据进行整合，建立客户信用评定模型来评估客户的信用，并根据信用得分来确定客户风险等级及相应的贷款额度。

当前各大金融平台都已经建立了自己的风险控制系统。以百度金融“磐石”系统为例，百度金融通过该系统运营自营金融业务，沉淀的金融数据维度已经达到 3000 多个。百度金融利用梯度增强决策树聚合大数据高维特征，利用关联挖掘将 3000 多个维度的高维数据降为 400 个维度，从而增加风险的区分度。同时，借助百度拥有的超 8.6 亿个账号、每日数十亿次的搜索数据、百亿级的定位数据和图像视频数据，百度金融“磐石”系统能够建立客户画像，有效识别骗贷团伙，提高信用反欺诈和交易反欺诈能力，为百度金融等金融机构提供身份识别、反欺诈、信息检验、信用分级等服务。

4.3.2　医疗行业

随着人们对健康重视程度的提高，医疗、健康数据急速增长，大数据在医疗行业的应用日益广泛。如今，大数据已经在药物研发、临床诊断、疾病预测、健康管理、智能决策等方面发挥着不可替代的作用，改变了传统的医疗模式，推动医疗行业朝着智能化方向发展。大数据在医疗行业的典型应用如图 4-4 所示。

大数据在医疗行业的应用有三个层次，即数据层、技术层及应用层。数据层包括医疗字典信息库、药物数据、临床数据、业务数据和参保信息等。技术层包括云服务、深度神经网络、数据库技术、医疗智能化管理软件、雾计算、机器学习、高性能计算、行为支付和智能硬件检测等支撑技术。应用层则包括脑电控制、辅助诊断、医嘱质控、预防预警、基因技术、基因测序、处方挖掘、目标追踪、临床研发、药物发现引擎、健康监测、电子病历、医保控费、互助保险、虚拟健康卡等各类医疗、医药和医保服务场景。

下面以药物研发、辅助诊断和预防预警为例，介绍大数据在医疗行业的应用。

1. 药物研发

在药物研发阶段，研发人员可以利用大数据技术分析药物市场需求，了解疾病发展趋势及紧缺药物，在相关医学文献或实践案例中找出某一疾病与药物的关联，

筛选出对特定疾病有效的物质或分子结构，然后有针对性地进行药物研发，满足市场药物需求。以“基于网络靶标的药物网络药理学智能和定量分析方法与系统”（UNIQ 系统）为例，该系统由清华大学北京市中医药交叉研究所所长李梢教授团队研发。李梢教授团队首先发现了人类表型网络（人类疾病，包括中医证候的临床表现）、生物分子网络（生物体内部的基因、蛋白之间）、中西药物网络之间存在着一种“宏微观模块化关联”关系，然后基于这一规律建立了中西医表型、生物分子网络、中西药物的“关系推断”算法，实现了同时期国际最高精度的致病基因、药物靶标预测。这一例子表明，运用大数据系统解析疾病机制和药物作用的关联，在生物分子网络上实现疾病和药物内在关系的定位和导航，可以有效解读中医药科学内涵，为中医药智能与精准研发提供新途径。

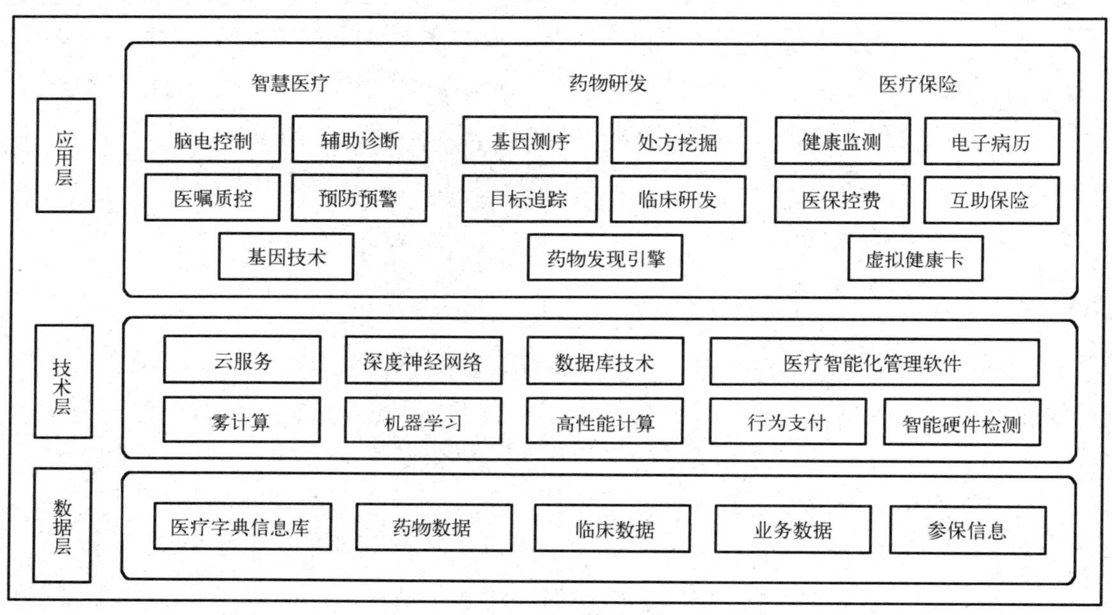

图 4-4　大数据在医疗行业的典型应用

在药物测试阶段，可以在患者同意的情况下增大药物测试的样本量，然后利用大数据技术深入分析患者的用药信息与实时身体状况，挖掘不同药物的药效以及药物的潜在功能或副作用，在最大程度发挥药物测试作用的同时，提高药物测试的安全性。此外，基因技术被认为是未来应对疾病的重要武器。在基因疗法方面，可以利用大数据技术加速基因研究进程，为遗传性疾病、癌症、艾滋病等提供新的治疗渠道。

2. 辅助诊断

大数据可以提高疾病临床诊断的效率、准确性和稳定性。患者在就诊过程中，

会产生各类诊疗数据。利用大数据技术可以对这些病理数据进行处理和归档，记录在数据库中，建立疾病诊断模型。在分析患者病症时，医生可以将患者情况与数据库中的数据进行对比分析，比较多种治疗措施的有效性、与医学指引上的不同，并给出有关诊疗建议，如合适的用药剂量、配比或药物类型等。这种辅助决策系统可以在提高诊断效率的同时，帮助医务人员避免经验主义带来的负面影响，提高诊断的客观性，为患者制定科学、个性化的治疗方案，从而有效地降低医疗事故发生率。

“AI+医疗”的应用已经广泛落地。2019 年，我国发布了《健康中国行动(2019—2030 年)》等相关文件，围绕疾病预防和健康促进两大核心，提出将开展重大专项行动，“健康中国”上升为国家战略。在此背景下，人工智能赋能基层医疗的社会意义进一步凸显，引发了科技公司的新一轮创新。以百度大脑技术驱动的人工智能医疗品牌“灵医智惠”CDSS(Clinical Decision Support System)为例，该系统已经开始在临床诊断应用方面发挥作用。

“灵医智惠”CDSS 定位为临床辅助决策系统。它通过学习海量教材、临床指南、药典及三甲医院优质病历，基于自然语言处理、知识图谱等多种人工智能技术，构建遵循循证医学的临床辅助决策系统，提供辅助问诊、辅助诊断、治疗方案推荐、医嘱质控、医学知识查询等多种功能，用以提升医疗质量，降低医疗风险。目前，该系统已经在全国 13 个省市自治区、超过数百家医疗机构落地，服务的医生数量超过万人。以北京市平谷区社区卫生服务中心为例，“灵医智惠”CDSS 基层版系统在该中心已经运行近半年，超过 200 名基层医生使用该产品，实现了医生的 100%覆盖，大大提升了基层医生的诊疗水平。随着“AI+医疗”的成熟，这类新兴系统可以有效提升医疗健康水平、减轻社会保障压力，加速智能化中国基层医疗体系。

3. 预防预警

利用可穿戴设备等智能产品收集医院外数据、加强健康监测及疾病预测是大数据在医疗健康领域的另一项应用。通过智能移动设备及可穿戴设备等，医院可以收集病人血压、心率、脉搏、睡眠、体温、运动等医院之外的数据；结合病人营养、基因、环境、病毒及历史患病信息等方面的数据，可以帮助病人更好地了解自身健康情况，减少信息传递误差，并在有患病风险的情况下及时给予提醒与健康指导，提高医疗服务的质量与效率。

国内很多科技公司已经推出了相关产品与应用。例如，基于前期与中国人民解放军总医院等多家权威机构在心脏健康方面的研究，华为公司相继推出 WATCH GT 2、WATCH GT 2 Pro ECG 版等多款智能穿戴设备。华为智能手表提供的血氧饱和度

监测及心脏期前收缩筛查等功能，能够有效帮助用户进行心脏类病症预测，让用户能够实时感受心脏状态的变化。华为还联合了国家远程医疗与互联网医学中心，为用户提供人工心电检测结果解读等服务，出具带有医师签名的报告，帮助用户及早发现心律失常高风险，主动管理心脏健康。

4.3.3　物流行业

物流行业是一个能够产生海量多样化数据的行业，常见的数据包括货物流转数据、货车运输数据和 GPS 定位数据、时间数据和交易数据等。自 2016 年起，国家开始部署推进互联网+物流，以云计算、区块链、人工智能、5G 等新一代信息技术引导物流业走向智能化发展道路。大数据在物流行业的典型应用如图 4-5 所示。

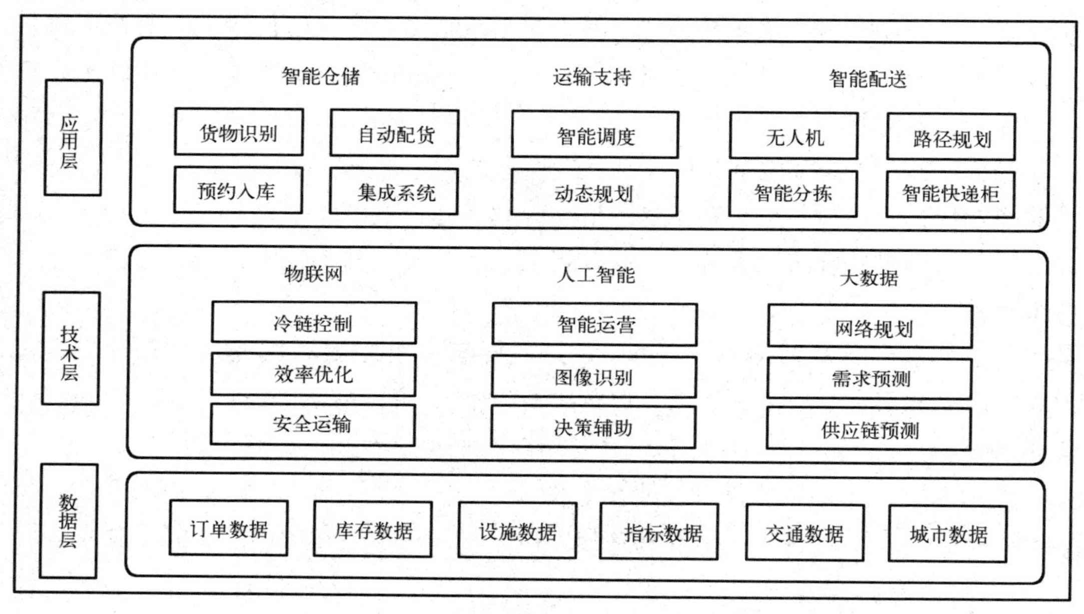

图 4-5　大数据在物流行业的典型应用

大数据在物流行业的应用体现在数据层、技术层及应用层等三个方面。数据层包括订单数据、库存数据、设施数据、指标数据、交通数据和城市数据等。技术层包括冷链控制、效率优化、安全运输、智能运营、图像识别、决策辅助、网络规划、需求预测和供应链预测等支撑技术。应用层包括货物识别、自动配货、预约入库、集成系统、智能调度、动态规划、无人机、路径规划、智能分拣、智能快递柜等服务场景。

以下以物流自动化系统和物流信息系统为例，介绍大数据在物流行业的应用。

1. 物流自动化系统

受电子商务行业各类购物节的影响，物流行业的业务具有突发性和随机性等特点。仓储、运输、配送自动化是智慧物流运作的关键，也是物流行业应对不确定性的重要发展方向。近年来，随着自动化技术的成熟，各大电子商务、物流企业相继在物流自动化方面发力，建设自动仓储、完善自动配送等，物流行业智慧化进程加快，智慧物流进入了全面发展的新阶段。其中，仓储物流机器人在整个物流自动化系统中起到关键性的作用。根据应用场景的不同，仓储物流机器人大致可以分为 AGV 机器人、分拣机器人、码垛机器人、AMR 机器人、RGV 穿梭车等，主要完成分拣、运输、码垛、拆垛、存储等工作。

京东“亚洲一号”全流程无人仓是物流自动化系统应用方面的典范。京东“亚洲一号”全流程无人仓将传统的“人找货”模式改为“货到人”模式，实现了从入库、存储、包装、分拣全流程、全系统的智能化和无人化。在自动化新模式下，拣货员只需要在工作台等待智能搬运机器人运来货物，每小时能完成 250 个订单，效率比传统方式提高了 3 倍。

2. 物流信息系统

利用物流信息系统提升物流的可追溯性也是物流行业应用大数据的典型场景之一。以大数据技术为基础，企业可以通过物流信息系统对物流数据进行整理和分类，降低物流管理成本，提高物流管理的效率。此外，利用大数据技术跟踪物流情况，能够让用户实时了解产品物流信息，减少信息不对称情况的出现，提升用户体验感，增加用户的黏性。

在物流信息系统方面，条形码技术是大数据时代的重要产物。条形码能够存储全部的物流信息，已经被广泛应用于产品运输过程的各个环节。基于条形码信息，各个环节的工作人员可以更加快速地识别、校对与录入物流信息，提高了物流工作的效率和准确性。在生成条形码的过程中，通过对关键信息进行加密，仅支持特定物流系统的信息读取，可以有效避免不同系统出现识别混乱的情况。

4.3.4 电子商务行业

电子商务行业数据的来源主要有客户、厂家和商品流通过程。企业可以通过客户的浏览信息、购买记录、留言评价等数据，分析客户偏好以及产品销售情况，了解目前热门的产品以及市场的整体趋势，及时更新产品和销售手段。大数据在电子商务行业的典型应用如图 4-6 所示。

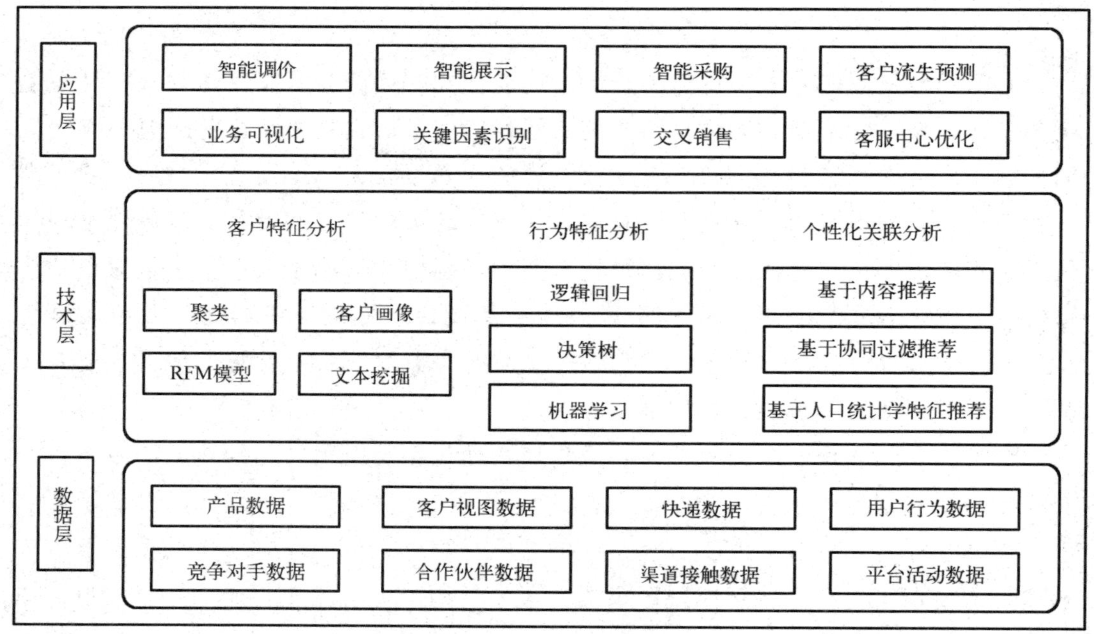

图 4-6　大数据在电子商务行业的典型应用

大数据在电子商务行业的应用体现在数据层、技术层及应用层三个方面。数据层包括产品数据、客户视图数据、快递数据、客户行为数据、竞争对手数据、合作伙伴数据、渠道接触数据、平台活动数据等。技术层包括聚类、客户画像、RFM模型、文本挖掘、逻辑回归、决策树、机器学习、基于内容推荐、基于协同过滤推荐、基于人口统计学特征推荐等支撑技术。应用层包括智能调价、智能展示、智能采购、客户流失预测、业务可视化、关键因素识别、交叉销售、客服中心优化等商业场景。

下面以精准营销和客户关系管理为例，介绍大数据在电子商务行业的应用。

1. 精准营销

精准是在精准定位的基础上，依托现代信息技术手段建立个性化的客户沟通服务体系；在充分了解客户信息的基础上，针对客户喜好，有针对性地进行产品营销。精准营销是大数据技术在电子商务行业的典型应用。其原理是基于客户的历史购买数据、个人属性数据等，利用大数据技术分析客户需求，通过个性化产品或服务推荐，有效满足客户的消费需求。以精准营销的个性化推荐为例，常见的机制有以下几种。

一是基于内容推荐。即通过物品信息分析物品间的相似度，根据相似物品进行推荐。例如，客户 A 喜欢看小说 a，若小说 a 是爱情小说，那么系统会推荐其他爱情小说给客户 A。

二是基于协同过滤推荐。即根据客户对物品或信息的偏好，发现物品或信息内容的相关性，根据物品或信息的相似度进行推荐；或是根据客户的偏好模型，发现相似的客户群，根据相似客户进行推荐。例如，客户 A 购买了商品 a、b，客户 B 购买了商品 a、b、c，而客户 C 只购买了商品 a，那么系统会推荐商品 b 给客户 C。

三是基于人口统计学特征推荐。即通过客户信息分析客户间的相似度，根据相似客户进行推荐。例如，客户 A 购买了商品 a，如果客户 B 的个人信息和客户 A 的个人信息重叠度高，那么系统会将商品 a 推荐给客户 B。

此外，企业还可以以大数据分析技术为支撑，根据季节、环境、年龄、地区等与产品需求相关的元素，建立需求预测模型，进行资源调配或制定相应的差异化营销方案，有效提高精准把握客户需求并快速响应的能力。

2. 客户关系管理

客户关系管理是一种商业管理策略，它通过使企业组织、工作流程、技术支持和客户服务都以客户为中心来协调和统一与客户的交互行动，达到保留有价值客户、挖掘潜在客户、赢得客户忠诚，并最终获得客户长期价值的目的。客户画像是大数据在客户关系管理活动中的重要应用。企业可以基于历史数据对客户行为进行建模(如客户爱好模型、关系模型、信用模型等)，完成对客户行为特征的画像；在获得客户新的数据资源之后，企业还可以对客户画像进行动态调整，重新评估客户当前所具有的营销价值，并制定相应的营销对策和客户关系管理策略。

以美团为例，美团会基于客户信息，利用大数据技术对客户的实际购买力、消费行为、消费需求以及忠诚度等特征进行分析和评估，面向不同客户提供差异化的客户关系管理策略。对于优先看重产品质量的客户，美团可以推送售前售后服务优秀的商家，并在推送中凸显其产品的高质量属性；而对于追求高性价比或低价的客户，美团则可以定期针对这类客户发放一些优惠券，刺激客户的消费行为。此外，美团还会通过客户的订单记录分析客户的口味偏好、消费水平、店铺偏好等，更加精准地向客户推荐店铺，从而提高客户的满意度和忠诚度。

总的来说，利用大数据开展客户关系管理，有助于挖掘客户的潜在价值，提高客户的满意度和忠诚度，提升企业的核心竞争力。

4.3.5 旅游行业

借助移动互联网、大数据、人工智能等新兴信息技术，发展智慧旅游是旅游行业发展的趋势之一。随着各地在智慧旅游方面的不断尝试和持续完善，大数据已经开始在客流分析、景区治理等方面发挥巨大的作用，实现景区游客预测、旅游旺季

人群疏散、景区路线规划、景区安全管理等，助力旅游行业走出一条新型智慧化发展之路。大数据在旅游行业的典型应用如图 4-7 所示。

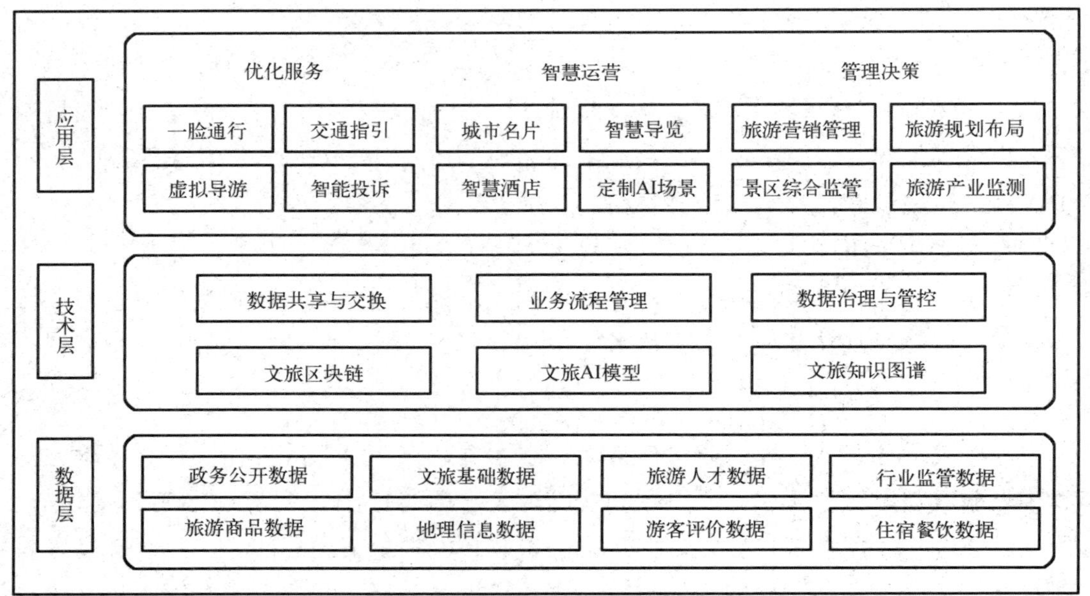

图 4-7　大数据在旅游行业的典型应用

大数据技术在旅游行业的应用可以分为三个层次，即数据层、技术层和应用层。数据层包括政务公开数据、文旅基础数据、旅游人才数据、行业监管数据、旅游商品数据、地理信息数据、游客评价数据、住宿餐饮数据等与旅游相关的数据。技术层包括数据共享与交换、业务流程管理、数据治理与管控、文旅区块链、文旅 AI 模型、文旅知识图谱等支撑技术。应用层则包括一脸通行、交通指引、虚拟导游、智能投诉、城市名片、智慧导览、智慧酒店、定制 AI 场景、旅游营销管理、旅游规划布局、景区综合监管、旅游产业监测等各类旅游服务场景。

下面以游客分析和景区治理为例，介绍大数据在旅游行业的应用。

1. *游客分析*

运用大数据分析技术可以帮助旅游企业优化产品规划与定位。例如，旅游企业可以对游客性别、年龄、来源地、兴趣爱好、消费水平、消费偏好等数据进行统计分析，了解旅游市场信息，掌握旅游市场动态，为产品规划及精准市场定位提供决策依据；还可以利用情感分析、关联规则等技术，对各大旅游平台上的用户评论、游记等内容进行深度挖掘，重点关注新消费需求和旅游产品质量等信息，了解游客的出游动机和景区存在的问题。在此基础上，分析潜在的市场需求，创新、完善高

热度产品，制定合理的产品价格，从而提高服务质量、满足游客的多样化需求，推动旅游企业健康发展。

旅游大数据已在许多景区得到了良好应用。下面以甘肃省为例，介绍大数据是如何帮助景区进行游客分析，助力景区发展的。甘肃省文旅厅建设了甘肃省文化和旅游大数据交换共享平台，该平台包括应急指挥平台、监控平台、大数据管理平台以及行业监管平台等，打通了市县旅游部门及景区、酒店、旅行社数据。同时，平台还对接了电信、公安、铁路、气象、景区、网络舆情等十几类数据，使旅游数据统计更加精准高效。在全国范围内实现了公安住宿数据、民航客流数据与旅游数据的实时共享，得到了更为完善、准确的客流数据。

目前，甘肃省文化和旅游大数据交换共享平台日均处理数据约 7 亿条，占用空间约 500G，建成客流分析、客源地分析、游客喜好分析等数据分析模型 80 多个，其中预测模型 20 多个。通过这些模型，基本能够掌握各省份入甘游客人次和驻留时间、各市州接待游客人次，以及游客的性别、年龄、喜好、住宿、出行等情况。通过对各项游客数据的分析，该平台为全省文化旅游产业发展提供了科学决策依据，促进了文化旅游产业转型升级、提质增效。

2. 景区治理

借助旅游大数据平台，旅游行业可以利用政府开源数据，提升景区治理能力。例如，可以运用交通、人流等数据建立客流分析系统，通过数据可视化工具[如客流热力图、区域营收地理信息系统(Geographic Information System，GIS)图、车辆监测 GIS 图等]，实时掌握各景区客流量以及客流动态情况，实现实时客流疏导、拥堵预防等公共事件的处理。此外，还可以运用大数据技术对景区安防进行监管，实现景区监控全覆盖；通过监控系统对重点区域进行实时监测，维持景区秩序，提升景区管理及运营能力。

近年来，各景区不断将数字化理念应用到旅游行业，使用旅游大数据让景区管理迈上新台阶，提升游客体验。北京市公园管理中心依托“5G 专网+北斗导航定位+云计算+物联网+大数据+人工智能”等现代信息化技术，打造了基于 5G 和北斗卫星导航技术的公园景区游船智慧管理平台。该平台通过需求调研、技术论证、可行性分析、开发联调及上线应用，运用“5G 高速率+北斗高精度”等自主知识产权核心技术的性能，有效保障了公园景区游船智慧化运行，实现了自助扫码购票、统一云上排队、游船智能运管、快速精准救援等，实现了游客服务智慧化、公园管理智能化、指挥调度可视化。

北京市公园管理中心应用新平台后，90%以上的游客使用线上购票、云上排队，

系统会及时提示游客排队情况，在这期间游客可以在周围游览休憩、欣赏美景。平台实现了对运营数据的实时统计分析，节省了人力、物力，报告的统计分析效率和精准度也得到了显著提高。5G+北斗卫星导航技术实现了信息传输速率提升 5 倍、导航精度提升 4 倍、应急救援过程实时可视、救援效率提升 2 倍以上的显著效果。旅游大数据平台的应用为景区的治理提供了有效助力。

课后习题

1. 请简述“造技术”视角下的大数据产业链，列出常见的行业及每个行业的代表性企业。
2. 请简述“用技术”视角下的大数据产业链，列出常见的行业及每个行业的代表性企业。
3. 请思考“造技术”视角和“用技术”视角的差异。

课后案例

数字乡村背景下的兰考县脱贫致富实践

实施乡村振兴战略是全面建设社会主义现代化国家的重大历史任务，是实现全体人民共同富裕的必然要求。数字经济时代，大数据为乡村振兴提供了新的力量支撑，是乡村振兴和基层治理现代化的重要推动力量。

兰考县是大数据赋能乡村振兴的经典案例。兰考县位于河南省开封市东北部，是焦裕禄精神的发源地。近年来，兰考县多措并举，充分结合大数据等现代科技，构筑了绿色安全、优质高效的乡村产业体系。一方面，兰考县不断强化其主导产业，依托富士康环保包装和智能手机盖板两个项目发展智能制造产业，累计完成投资 52 亿元，2020 年实现产值 18 亿元。另一方面，兰考县政务服务和大数据管理局聚焦 5G 助农发展，搭建数字乡村建设资源整合平台，建立了兰考智慧农业大数据平台，接入各类涉农数据、多元数据挖掘分析和数据建模，为管理部门产业规划、行业管理提供数据支撑等，不断助力乡村振兴。

乡村治理是乡村振兴战略得以实现的重要一环。兰考县以“一中心四平台”、智慧综治中心等为基础，积极发挥大数据、物联网等新技术在乡村治理中的作用，打造基层管理服务平台，构建“综治中心+网格化+信息化”的基层社会治理模式。其中，兰考县政务服务和大数据管理局以大数据为依托，上线“清廉执法监督”二维码，助力执法精准监督落细落实。实现入企行政执法全链条监管和“首席服务官”

服务留痕，通过“双留痕、双报到”，打造“廉政+互联网”大数据监督服务“双平台”，建立精准执法监督工作机制。此外，兰考县还推出了“一件事一次办”套餐服务，不断使政务服务改革成果惠及全县企业与群众。

兰考县以焦裕禄精神为旗帜，正在谱写乡村振兴的新篇章。2017年3月27日，兰考县退出贫困县序列，成为全省首个脱贫县。如今，兰考县实现了“三年脱贫、七年小康”的庄严承诺。2021年，兰考县全县GDP完成406.76亿元，同比增长7.6%；规模以上工业企业增加值增长13.2%，固定资产投资增速12%；一般公共预算收入35.29亿元，增长36.2%；城镇居民人均可支配收入29903.5元，增长7.8%；农村居民人均可支配收入16787.2元，增长10%。今后，兰考县将继续建设“拼搏兰考、开放兰考、生态兰考、幸福兰考”的远景目标，努力走出一条共同富裕框架下的中国之治——兰考之路。

阅读上述材料，请回答下列问题。

1. 请收集更多资料，了解兰考县的乡村振兴工作是怎样应用大数据的。
2. 请结合实际应用场景说明大数据对乡村振兴的意义。
3. 请观察周围的社区或乡村，发现与总结大数据赋能乡村振兴的案例或实践。

第 5 章

大数据与社会治理创新

课前导读

本章主要介绍大数据时代的社会治理创新。重点介绍大数据、人工智能等技术的应用为社会治理带来的理念创新和方法创新；以数字政府、智慧城市及数字乡村为例，介绍大数据赋能的社会治理实践。通过案例引导读者观察身边的智慧城市建设范例，辩证地思考大数据在社会治理应用中存在的问题以及未来改进的方向。本章内容组织结构如图 5-1 所示。

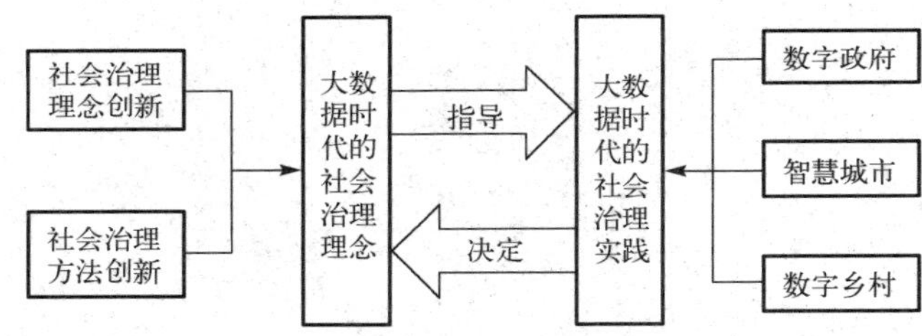

图 5-1　本章内容组织结构

学习目标

目标 1：熟悉大数据时代的社会治理理念创新。

目标 2：掌握大数据时代的社会治理方法创新。

目标 3：能够总结身边智慧社会治理的案例。

目标 4：能够归纳、分析和设计“微社会治理”管理机制。

本章重点

重点 1：大数据时代的社会治理。

重点 2：政府与政务的数字化转型。

重点 3：智慧城市建设。

重点 4：数字乡村建设。

本章难点

难点 1：大数据时代的社会治理理念与实践。

难点 2：数字化社会治理过程中的管理与服务问题。

5.1　大数据时代的社会治理理念

社会治理是指在执政党领导下，由政府组织主导，吸纳社会组织等多方主体参与，对社会公共事务进行的治理活动。社会治理是以实现和维护群众权利为核心，发挥多元治理主体的作用，针对国家治理中的社会问题，完善社会福利，保障改善民生，化解社会矛盾，促进社会公平，推动社会有序和谐发展的过程。随着大数据等信息技术在不同领域应用的深入，社会治理的理念和方法也在不断发生变化。

5.1.1　社会治理理念创新

5.1.1.1　为社会治理提供新视角

当前，我国正处于发展转型的关键时期，随之而来是整体的社会风险系数变高，继续沿用传统的管控、管理方式，很难应对频发的各类大小社会突发事件。尤其是在信息传播速度快、传播主体与传播对象不可控的环境下，如果没有及时对原本微小的社会事件进行合理、适当的先期处置，那么极有可能因为事件一方的单方面信息扩散，造成巨大社会影响。

大数据为社会治理提供了新视角。一方面，它可以消除信息不对称，使治理主体掌握治理对象的更多信息、动态。另一方面，它可以及时有效地识别风险，从被动承担风险转向主动化解风险，从而减少不确定性，推动社会治理向预期方向发展。此外，大数据的应用使得社会治理更多地依靠事实数据，而非传统经验，提高了决策的科学性与精准性。例如，通过大数据应用，能够对各类信息发布进行预警，对信息的扩散速度与扩散方式进行监控，及时了解事件进程，对相关事件进行分析，从源头上防止矛盾的产生和进一步激化，实现由事后处置向源头预防的转变，加强社会风险防控，提高社会治理的预警能力和应急能力。

总之，运用大数据思维加强和创新社会治理，可以增强工作的科学性和行动的及时性，更好地解决社会关注的焦点问题，使社会治理从被动治理转向主动治理、从经验治理转向数据治理、从粗放治理转向精细治理。

5.1.1.2　使社会治理更精准

实施精准社会治理是为了解决人民日益增长的美好生活需要和不平衡不充分发展之间的矛盾。利用大数据技术将分散的数据整合起来，再对数据进行挖掘、分析、预测和应用，可以将传统粗放式管理转变为分群组、分类别的精细化治理，提升社会治理能力，保证治理资源的合理利用，使得社会治理变得更加高效。

以精准扶贫为例，如果仅仅以某个独立年份的收入作为衡量依据，而忽略教育水平、各类信贷资金的流动性、目前从事职业的特殊性等，很容易出现“一刀切”的情况。社会治理需要汇总金融、交通、支付、教育、民政等各方面的数据，然后应用大数据的综合分析能力，才能挖掘出真正有效的信息、知识和模式，真正有效地推动社会治理精准化，推进治理体系和治理能力的现代化。

总之，大数据技术提升了政府对经济社会发展和未来趋势的研判能力。政府可以充分运用大数据技术，将社会治理涉及的领域及行业数据重新汇聚融合，进行快速汇总、分析和处理，准确掌握不同地区、不同行业、不同企业、不同群体的共性及个性化需求，做出更精准、高效、科学的决策，为统筹推进现代化社会治理体系建设提供科学指引。

5.1.1.3　推进社会治理协同性

在大数据时代，社会治理体系的构成要素、治理对象、治理方法、效果评估等都发生了变化。传统社会中彼此孤立的事件，在大数据时代却能够形成连贯的数据流。利用大数据技术推进政府各个部门之间的政务协同，有助于实现部门数据的整合和共享，从而打破原有的行政壁垒和数据封锁，实现从数据碎片化的部门型治理向数据整体性的跨部门协同治理转化，推动政府从单向治理走向多元协同治理。

不过，在政府各部门的协同上，数据不互通不互联的情况依然普遍存在。很多部门仍然按照各自的职能范围，采集、存储了自己的业务数据。在跨部门数据互通与整合方面，依然存在着“数据割据”“数据孤岛”等现象。政府各部门可以通过对数据进行有机整合，逐步实现数据的开放共享；可以应用大数据技术来改进现有的工作方式和处理机制等，运用大数据技术来综合处理不同部门的数据及分析结果，从机制上避免各部门各管各事，从而提高社会治理的效率。

总之，大数据背景下的社会治理，正由传统方式向现代方式转型，治理逻辑、治理主体、治理结构、治理体系等都在进行调整，工作思维、工作方式等也在发生转变。政府部门应该抓住大数据的发展机会，提高社会治理工作的协同性，让数据多跑路、让群众少跑腿，积极利用大数据技术造福于民。

5.1.2　社会治理方法创新

基于大数据的数据采集、整合、分析及预测能力，还可以改变社会治理的方式和模式，推动社会治理从“经验管理”到“科学治理”的转变。大数据等信息技术对社会治理方法的影响，主要体现在以下几点。

5.1.2.1　公共决策

决策能力是公共部门的首要能力，决策能力现代化是国家治理现代化的重要体现，是实现“中国之治”的“北斗导航”。公共决策需要基于大量的基础数据和信息进行分析比较，在此基础之上提高决策的科学性。大数据技术能够以相对较低的成本获取全样本数据，进行结构化挖掘和逻辑比较，发现潜在的知识和决策模式。这种基于全样本数据的分析，能在很大程度上降低信息不对称和决策风险，使得公共决策更加精准化和科学化。

以新冠肺炎疫情防控为例，疫情发生之后，互联网每天都在产生关于疫情的信息检索和讨论信息，成为了解民生、民意的重要数据来源。通过对这些信息进行文本分析，可以发现其中的热词，提取大家讨论的主题以及不同主题随时间的变化趋势，从而为地方政府的决策提供依据。例如，疫情暴发的初始阶段，“口罩”“酒精”等词汇的搜索量增多，而在疫区“心理疏导”“咽喉痛”等词汇的搜索量激增。这提醒地方政府需要做好相关物资及药品的供应。

5.1.2.2　公共服务

公共服务高质量发展既是推进我国社会主义现代化建设的必然要求，也是提升民众获得感、幸福感和安全感的重要途径。目前，我国城乡基本公共服务体系已初步建立，主要服务项目的覆盖率、重要服务资源的人均拥有量等指标不断提高。随着我国社会主要矛盾的变化，公共服务发展不平衡不充分的问题逐步凸显，尤其是地区之间差距明显，大量优质公共服务集中在大城市，而基层，特别是中西部农村地区严重不足。利用大数据赋能的“互联网+公共服务”，可以在一定程度上扩宽公共服务的渠道，使得公共服务的供给更加高效。

以初级医疗保健为例，全科医生是人们健康的守门人，负责初级医疗保健服务供给。但现实中，我国的医疗卫生服务存在严重的“错配”现象：大医院患者扎堆，而基层医院和卫生所门可罗雀，分级诊疗体系亟待落实和优化。针对这种情况，可以考虑建设覆盖公共卫生、医疗服务、医疗保障、计划生育等综合业务的医疗健康管理和技术应用平台，建设使用网络、手机、微信等预约挂号的平台，建设涵盖分

级远程诊疗、防治、医养结合、健康咨询等服务的综合健康服务应用数据平台。利用这些平台，有助于促进优质医疗资源及卫生服务向基层下沉，提升人民群众的幸福感。

5.1.2.3 公共协调

社会治理具有目标多、层次繁、内容杂等特点。在目标上，既要注重“以人为本”和“问题导向”，又要考虑“政治后果”和“治理绩效”；在层次上，既要考虑政策意图，又要考虑基层需求；在内容上，既要关注“政治”和“法治”，又要考虑“智治”和“自治”等。为了应对上述问题，可以建立以大数据技术为基础的社会治理综合体，引导和调动不同部门共享信息、协同工作，实现社会治理的综合调度和联动指挥，保证社会治理工作的高效开展。

以养老等民生保障工程为例，要以服务需求为导向，构建以数据交换、发布和共享机制为支撑的大数据联动共享云平台，协同民政、残联、教育、老龄办、社保、卫生、财政、税收等公共服务主管部门的相关数据，统一部门间数据接口、数据编码、数据格式与数据标准，建立一体化、标准化的公共服务部门资源目录系统，便于政府数据资源的共享、应用、挖掘、关联、分析、决策，为养老服务供给和购买提供关键支撑。

5.1.2.4 公共参与

鼓励公众参与社会治理是增进彼此理解、共同化解社会冲突和社会矛盾的重要思路。不过，绝大多数民众的公共参与表现为被动式、盲目性和激发化。大数据时代背景下，基于互联网等信息技术，公众可以通过更加多元的渠道参与社会治理。例如，通过官方机构的微博、公众号或App开展线上留言和信息反馈；参与的主题和领域也可以更加丰富，如参与线上提案、政策讨论和违法行为举报等。这些新变化大大提高了公众参与社会治理的积极性，引导公众克制参与的盲目性，激发更多的公众参与政府决策。

以交通违法为例，考虑到交通设施建设的成本和通行的便利性，很多路口和车道不可能安装抓拍设备，这成为一些人故意违法违规的“漏洞”。近些年来，各地纷纷出台了“交通违规随手拍”App或公众号，鼓励大家在严格遵守交通法规、确保交通安全的情况下，对违法车辆拍照举报。以北京市为例，2020年8月5日，北京交管部门“随手拍”正式上线，其后全市共有67万起交通违法行为被有效处理；随着“随手拍”功能被公众熟悉，2021年北京市非现场处罚机动车占用应急车道的违

法行为同比降低 21.2%，机动车占用公交车道的违法行为同比降低 19.5%，机动车违法停车的违法行为同比降低 17.9%。

5.2　大数据时代的社会治理实践

党的十八大以来，随着大数据等信息技术在社会建设中的全面应用，人民群众的生活得到全方位改善，社会治理的社会化、法制化、智能化、专业水平得到大幅度提升。本节以数字政府、智慧城市、数字乡村为例，介绍大数据时代的我国社会治理实践。

5.2.1　数字政府

2019 年 10 月，党的十九届四中全会提出“推进数字政府建设，加强数据有序共享，依法保护个人信息”。2021 年“加强数字政府建设”“提高数字政府建设水平”出现在《政府工作报告》中，这是党的十八大以来首次将“数字政府”写入《政府工作报告》，折射出政府数字化转型加速。

5.2.1.1　数字政府的定义与发展现状

数字政府是信息技术革命的产物，是工业时代的传统政府向信息时代演变产生的一种政府形态。加强数字政府建设是适应新一轮科技革命和产业变革趋势、驱动数字经济发展和数字社会建设、营造良好数字生态、加快数字化发展的必然要求，是建设网络强国、数字中国的基础性和先导性工程，是创新政府治理理念和方式、形成数字治理新格局、推进国家治理体系和治理能力现代化的重要举措，对加快转变政府职能，建设法治政府、廉洁政府和服务型政府具有重大意义。

从本质上来看，数字政府并非是取代传统政府、电子政府，而是在原有政府形态基础上的再创新。从内涵上来看，数字政府是政府借助云计算、大数据、人工智能等新一代信息通信技术，以实现公共服务无纸化、社会治理精准化、政府决策科学化为目标，通过连接网络社会与现实社会，重组政府组织架构，再造政府行政流程，优化政府服务供给，推动政府对施政理念、方式、手段、工具等进行全局性、系统性、根本性变革，促进经济社会运行全面数字化而建立的一种新型政府形态。

我国数字政府的建设是逐步完善的过程，具体体现在每年全国两会《政府工作报告》的表述上：2015 年，提出“推广电子政务和网上办事”；2016 年强调“大力推行互联网+政务服务，实现部门间数据共享，让居民和企业少跑腿、好办事、不

添堵”；2017 年提出“加快国务院部门和地方政府信息系统互联互通，形成全国统一政务服务平台”；2018 年，“互联网+政务服务”被首次写入《政府工作报告》，并提出要使更多事项在网上办理，必须到现场办的也要力争做到“只进一扇门”“最多跑一次”等。这一时期的“数字政府”建设，基本都以政务服务为主。

之后，政务服务的内容逐步深化、细化，服务内容表述也更加具体，如从“网上办理”到“一窗受理”“一网通办”，从“异地可办”向“跨省通办”推进等。2019 年《政府工作报告》提出，推行网上审批和服务，抓紧建成全国一体化在线政务服务平台，加快实现一网通办、异地可办，使更多事项不见面办理，确需到现场办的要“一窗受理、限时办结”“最多跑一次”。建立政务服务“好差评”制度，服务绩效由企业和群众来评判。2020 年要求深化“放管服”改革，“推动更多服务事项一网通办，做到企业开办全程网上办理”等。

2021 年全国两会《政府工作报告》强调，要加强数字政府建设，建立健全政务数据共享协调机制，推动电子证照扩大应用领域和全国互通互认，实现更多政务服务事项网上办、掌上办、一次办，企业和群众经常办理的事项，2021 年要基本实现跨省通办。其后发布的《“十四五”规划纲要》，也特别强调全面推进政府运行方式、业务流程和服务模式的数字化、智能化，深化“互联网+政务服务”，提升全流程一体化在线服务平台功能等。

目前，我国的数字政府建设仍存在一些突出问题，如顶层设计不足、体制机制不够健全、创新应用能力不强、数据壁垒依然存在、网络安全保障体系还有不少突出短板、干部队伍数字意识和数字素养有待提升、政府治理数字化水平与国家治理现代化要求还存在较大差距等。这些问题是未来数字政府建设需要着力改进和提高的地方。

5.2.1.2 数字政府的建设方向

2022 年 6 月 23 日，国务院正式印发了《国务院关于加强数字政府建设的指导意见》(以下简称《指导意见》)，对我国数字政府建设做出了全面部署。《指导意见》明确了数字政府建设的指导思想、基本原则和主要目标，从构建协同高效的数字化履职能力体系、数字政府全方位安全保障体系等七个方面明确了工作任务。从《指导意见》提出的意见来看，我国数字政府体系框架主要涵盖政府数字化履职能力、安全保障、制度规则、数据资源、平台支撑等方面。

数字化履职能力方面，重点是持续优化数字化服务，提升政府利企便民的服务能力。数字化履职能力指的是利用数字技术和数字化手段，推进政府在经济发展、市场监管、社会管理、公共服务、环境保护、政务运行以及政务公开等方面的履职

能力。提升政府数字化履职能力的关键在于持续优化全国一体化政务服务平台功能，全面提升公共服务数字化、智能化水平，打造泛在可及的服务体系。

安全保障方面，重点是强化安全防护，构筑数字政府安全保障体系。全方位的安全保障体系主要包括构建安全管理责任协同联动机制、落实数据和关键信息基础设施安全制度要求、提升安全保障能力以及提高自主可控水平等方面。在数字政府安全领域，《指导意见》指出在网络安全保障体系方面还有不少突出短板，建议健全动态监控、主动防御、协同响应的数字政府安全技术保障体系。

制度规则方面，重点是以数字化改革促进制度创新，保障数字政府建设和运行整体协同、智能高效、平稳有序，实现政府治理方式变革和治理能力提升。《指导意见》建议以数字政府建设支撑加快转变政府职能，推进体制机制改革与数字技术应用深度融合，推动政府运行更加协同高效。其中，体制机制改革包括健全数据治理制度和标准体系，加强数据汇聚融合、共享开放和开发利用，全面构建制度、管理和技术衔接配套的安全防护体系等。

数据资源方面，重点是完善数据资源体系，以数据促发展。构建开放共享的数据资源体系，主要包括推进全国一体化政务大数据体系建设、加强数据治理、依法依规促进数据高效共享和有序开发利用、充分释放数据要素价值。当前阶段，政务数据的使用场景还比较有限，主要用于城市交通、应急管理的集中展现、管控。未来要发挥数据的价值，需要开展跨部门数据治理，解决数据冗余、数据不一致等情况。此外，还需要加强公共数据的共享开放，发挥数据的融合价值。

平台支撑方面，建设智能集约的平台支撑体系，为一体化政务云平台体系和电子政务网络等提供支撑，也为身份认证、电子印章、电子文件、电子票据、信用信息以及地理信息等方面的共性应用提供支撑。

5.2.2 智慧城市

智慧城市的概念最早源于 IBM 提出的“智慧地球”理念。2008 年 11 月，IBM 在美国纽约发布报告《智慧地球：下一代领导人议程》，提出了所谓的“智慧地球”，即把新一代信息技术充分运用在各行各业之中。此后，这一理念被世界各国广泛接受，逐渐开始与不同行业融合。

5.2.2.1 智慧城市的内涵与发展现状

智慧城市的内涵是利用各种先进的信息技术或创新理念，整合城市的组成系统和服务，以提升资源运用效率，优化城市管理和服务，改善市民生活质量。智慧城市不仅仅是物联网、云计算等新一代信息技术的应用，更重要的是通过技术和创新

理念的应用，构建以用户创新、开放创新、大众创新、协同创新为特征的城市可持续创新生态。发展智慧城市被认为有助于促进城市经济、社会与环境资源的可持续发展，缓解“大城市病”，提高城镇化品质。

我国智慧城市建设已经初具规模。从 2013 年 1 月公布首批 90 个智慧城市试点开始，至 2022 年 12 月，我国已经先后发布了三批、共 290 个试点城市。国际数据公司(IDC)发布的《全球半年度智慧城市支出指南》显示，2019 年中国智慧城市相关投资达到 228.79 亿美元，较 2018 年的 200.53 亿美元增长了 14.09%。前瞻经济学人的预测则进一步指出，智慧城市的规模在不断扩大，预计 2022—2025 年的年均复合增长率约为 24.49%，2027 年中国智慧城市的市场规模将达到 75 万亿元人民币。从实际效果来看，智慧城市在城市交通、医疗、政务管理等领域已经取得了广泛成果。智慧城市作为“数字中国”“新基建”“智慧社会”等国家战略实施的重要载体，正在引领我国城市发展的新方向。纵观我国智慧城市建设，大致经历了四大阶段。

第一阶段(1999—2008 年)是中国智慧城市建设的初始形成期。2006 年，《国民经济和社会发展第十一个五年规划纲要》提出了“2010 年单位 GDP 能耗降低 20%左右的目标”，这一降能减排目标对中国社会经济的发展模式提出了新的要求。恰好当时湖南、福建等省启动了数字工程建设，是我国早期智慧城市初始形态的实践性探索，既为中国城市治理提供了新契机，也为后续我国智慧城市建设积累了基本经验。

第二阶段(2009—2015 年)是智慧城市发展的布局期。受 IBM“智慧地球”理念影响，我国的智慧城市概念也在 2008 年提出。2011 年，第一批中国智慧城市建设试点在深圳和武汉启动，随后国家层面出台与智慧城市试点建设相关的通知、管理办法及评价体系等文件。2014 年 8 月，国家发展和改革委员会等八部门联合印发了《关于促进智慧城市建设健康发展的指导意见》，对中国智慧城市建设进行了国家层面的顶层设计，并对中国特色智慧城市建设的目标进行了规划。2015 年 12 月，国务院批准成立了“新型智慧城市建设部际协调工作组”，提高了中国智慧城市建设的高度，中国智慧城市建设进入初步布局期及调整期。

第三阶段(2016—2018 年)为中国智慧城市建设新型转换期。2016 年，《国民经济和社会发展第十三个五年规划纲要》提出了“基础设施智能化、公共服务便利化、社会治理精细化”等新型智慧城市建设工作的重点。2016 年 4 月 25 日，习近平总书记在“网络安全和信息化工作座谈会”中强调：“要以先细化推进国家治理体系和治理能力现代化，统筹发展电子政务，构建一体化在线服务平台，分级分类推进新型智慧城市建设，打通信息壁垒，构建全球信息资源共享体系，更好用信息化手段感知社会态势、畅通沟通渠道、辅助科学决策。”

第四阶段(2020 年以来)，中国新型智慧城市建设进入新的发展阶段。区块链技术在智慧城市建设中逐步运用，数字孪生技术逐步推广，加之 2020 年新基建投资的推动，中国新型智慧城市建设进入了新的发展阶段。这个阶段的特点有以下几点：(1)智慧城市成为新基建最主要的“服务对象”，也是新基建上层应用的“主战场”；(2)智慧城市将从“纵强横弱、数据不通”迈向“纵强横通、数据融通”的新阶段；(3)智慧城市评价体系向促进“横向规建营评(横向规划、构建平台、运营驱动、系统评价)一体化”模式发展，可持续运营价值更被重视；(4)智慧城市建设将加速下沉，三四五线城市及县域将成为新的增长极。

5.2.2.2　智慧城市的建设方向

尽管我国智慧城市建设已经取得了很多标志性成果，但也存在一些问题。尤其是 2020 年新冠肺炎疫情发生之后，我国智慧城市建设暴露出很多共性问题，如基础设施薄弱、“数据孤岛”普遍存在、数据获取困难、城市管理精细化不够、各部门配合不足等一系列问题。之所以会出现这些问题，很大程度上是由国内智慧城市建设集中在硬件设施扩张，而在统筹管理能力方面严重不足等原因造成的。

1. 促进技术智能融合，重构城市数字化基础能力

随着 5G、人工智能、物联网、大数据、区块链等技术的发展和应用场景的丰富，智慧城市建设呈现出融合趋势，城市数字化基础能力将会得到重构。这种融合主要体现在智慧城市技术和智慧城市体系架构两个方面。

从智慧城市技术的角度来看，各类新技术之间将会呈现融合趋势，带来智慧城市应用的变革。在前沿技术布局方面，部分城市将会加速布局量子通信、脑科学等前沿技术。例如，2022 年 8 月，合肥量子城域网正式开通。这条基于量子通信技术搭建的全长 1147 千米、包含 8 个核心网站点和 159 个接入网站点的全国最大量子城域网，为合肥市、区两级近 500 家党政机关提供量子安全接入服务，提升电子政务安全防护水平。在现有技术方面，部分行业将会深化技术融合并设计新的场景。如 5G、人工智能、AR、VR、区块链及边缘计算等两种或多种技术的叠加和融合，将开启无线连接与智慧自动化，出现远程手术、自动驾驶、智能家居、智慧医疗、智慧教育等更多应用场景。

从智慧城市体系架构的角度来看，未来智慧城市体系架构将打破边界，形成“云管边端”(“云”指调控云平台，“管”指通信网络，“边”指边缘计算功能，“端”指智能终端)协同架构。数字化与智能化融合是数字化发展的高级阶段，也是数据价值实现的基础，离不开数据与应用之间的交互。未来智慧城市体系架构的构建与

价值的兑现，需要借助技术手段促进平台融合，建立“人-机-物”之间的实时反馈机制。以数据采集与终端应用为例，这是一个双向迭代反馈的过程。首先，借助大数据底层架构和数据平台，海量数据可以传输给各个终端应用场景，形成面向终端用户的服务，而用户则可能在当前需求被满足之后提出新需求；其次，针对用户的新需求，系统需要通过传输协议、标准化手段整合分布在不同领域的智能采集终端，在不同场景的智能采集终端之间建立协作关系；最后，形成持续、稳定和实时的反馈机制，打破智慧城市技术体系相对独立的运行机制，实现“云管边端”协同。

2. 提升数据治理水平，共建数据共享生态系统

数据是大数据时代最重要的资源，也是智慧城市的核心和灵魂。智慧城市建设覆盖城市的各个部分和各种场景，涉及政府、企业及公众三大主体，是一个庞大的系统。不过，在这个体系中，数据来源烦冗复杂，“数据孤岛”“数据烟囱”等现象普遍存在，数据治理问题凸出。因此，未来的智慧城市建设既需要提升基础设施建设水平，也离不开高水平的数据治理工作。

未来智慧城市的数据治理工作，需要从技术、框架、生态、机制等方面发力，破解数据共享难题。在技术层面，加大人工智能、物联网的融合力度，提高数据采集、存储及融合等工作的标准化程度。在框架层面，构建覆盖“政府-企业-公众”的多主体数据框架，开展从数据前端采集、数据加工到数据应用的全流程管理。在生态层面，既可以构建服务于整个城市层面所需，覆盖政府、公众、行业、基础设施的数据大生态，也可以分场景、分类型精耕细作，对智慧城市数据进行深度治理。在机制方面，既需要在确定业务边界的前提下，确定数据的共享机制和共享流程，也需要借助区块链等技术，打造城市数据身份，提高数据的安全性。

3. 面向终端用户需求，全面创新智慧服务场景

“以人为本”是智慧城市建设的核心理念。不过，纵观国内智慧城市建设的现状，大多数智慧城市建设主要由技术驱动、政府驱动，终端用户参与度明显不足；普遍存在着重硬件基础设施建设、轻智慧服务等问题，基于数字化、智慧化的新服务、新创新、新理念和新场景亟待加强。为了更好地推进智慧城市建设，需要从终端用户的核心需求出发，以解决实际问题和提供便捷智能服务为导向，加强在服务场景设计和创新方面的工作。

创新“微场景”“微服务”是引导智慧城市回归终端用户需求、全面提升城市服务水平的有效途径。国内智慧城市建设，应该在现有“大工程”“大项目”等基础上，转向城市“微基建”。“微基建”是“新基建”概念的延伸，是指以社区及周边服务场景的数字化、智能化创新为手段，面向居民“最后一公里”生活所需

的微型基础设施和公共服务体系建设，如智慧政府服务中心、智能邻里中心、智能车棚、智能充电桩、智慧社区、智慧楼宇等建设。与标志性的大型工程相比，“微基建”更加贴近公众生活，可以有效引导智慧城市建设重新回归“以人为本”的核心理念。

5.2.3 数字乡村

习近平总书记指出：“要用好现代信息技术，创新乡村治理方式，提高乡村善治水平。”因此，加快推进数字乡村建设，既是乡村振兴的战略方向，也是建设数字中国的重要内容和实现共同富裕的必经之路。

5.2.3.1 数字乡村的定义与发展现状

关于数字乡村，目前并没有明确的定义。2019 年 5 月，中共中央办公厅、国务院办公厅印发的《数字乡村发展战略纲要》对数字乡村进行了界定，即数字乡村是伴随网络化、信息化和数字化在农业农村经济社会发展中的应用，以及农民现代信息技能的提高而内生的农业农村现代化发展和转型进程，既是乡村振兴的战略方向，也是建设数字中国的重要内容。

数字乡村是新兴的概念与实践，最早在 2018 年提出。2018 年 1 月 2 日，《中共中央、国务院关于实施乡村振兴战略的意见》明确提出要实施数字乡村战略，做好整体规划设计，加快农村地区宽带网络和第四代移动通信网络覆盖步伐，开发适应“三农”特点的信息技术、产品、应用和服务，推动远程医疗、远程教育等应用普及，弥合城乡数字鸿沟。2018 年 9 月，中共中央、国务院印发《国家乡村振兴战略规划（2018—2022 年）》，进一步提出了数字乡村建设的任务内容。2019 年 5 月，中共中央办公厅、国务院办公厅印发了《数字乡村发展战略纲要》，为各地区、各部门推进数字乡村建设指明了方向。

自 2020 年起，我国数字乡村建设加快推进。2020 年 1 月，农业农村部、中央网络安全和信息化委员会办公室（以下简称中央网信办）发布《数字农业农村发展规划（2019—2025 年）》《2020 年数字乡村发展工作要点》，浙江、河北、江苏、山东、湖南、广东等 22 个省份也相继出台数字乡村发展政策文件。中央网信办会同农业农村部等七部门联合印发《关于开展国家数字乡村试点工作的通知》，确定 117 个县（市、区）为国家数字乡村试点地区。2021 年发布的《“十四五”规划纲要》以及 2022 年的中央一号文件，先后多次强调“加快推进数字乡村建设”和“大力推进数字乡村建设”。数字乡村建设相关的政策体系更加完善，统筹协调、整体推进的工作格局初步形成。

我国数字乡村建设已经取得了诸多进展，成效逐步显现。从经济发展的角度，截至2020年12月，我国农村数字经济的规模已经达到5778亿元；根据整个农业农村数字化转型发展的速度分析预判，到2025年农业数字经济规模将达1.26万亿元，2035年将达7.8万亿元，到2050年将达24万亿元。从互联网普及的角度，截至2021年12月，我国农村网民规模已达2.84亿人，农村地区互联网普及率为57.6%，较2020年12月提升1.7个百分点，城乡地区互联网普及率差异较2020年12月缩小0.2个百分点。此外，“互联网+政务服务”加快向乡村延伸，网络扶贫行动向纵深发展，信息化、数字化及智能化在美丽宜居乡村建设中的作用更加显著。

5.2.3.2 数字乡村的建设方向

数字乡村建设的发展方向体现在农业、农村及农民等三个方面，目标是通过数字技术赋能“三农”，改善农民生活质量，增强农民的获得感、幸福感、安全感，最终全面实现乡村振兴和共同富裕。

1. *改进基础设施，赋能农业生产*

赋能农业生产是数字乡村建设的重要方向，建设的重点体现在以下几个方面。

(1)完善信息基础设施建设，缩小城乡之间的硬件差距。数字化建设离不开网络基础设施的有力支撑。当前，我国农村地区已经基本完成4G网络全覆盖，但在农村网络速度和入户通达率、农业集中生产区域的5G网络覆盖方面仍然有很大的需求缺口。未来需要继续加强网络基础设施建设，开发服务生产经营的信息终端、技术产品和移动端应用软件等。

(2)推进数据资源汇聚共享，为构建智能化场景打好基础。当前，农业数据标准不统一、贯通难、共享不充分等问题还比较普遍。为解决这些问题，农业农村部牵头组织研发了农业农村大数据公共平台，为实现国家与各地、地方与地方农业农村部门数据资源的互联互通提供了工具。未来各地在推进农业数字化建设过程中，可以依托农业农村大数据平台，按照全国统一的数据资源目录、分类编码体系、数据标准接口，大力拓展物联网、互联网等在线采集渠道，加快构建“空、天、地”一体化数据资源采集体系，推动县域公共数据整合共享、县域农业农村部门数据与其他部门的涉农数据对接，形成地方和国家涉农数据协同应用的良好生态。

(3)推进农业全产业链数字化升级，提升农产品流通效率。生产、加工、流通是农业全产业链的三个关键环节。相应地，加强农业全产业链数字化建设的关键环节

也有三个。①加快物联网、大数据、人工智能、区块链、5G 等现代信息技术在农业生产领域的深度应用，建设一批智慧农场、智慧牧场、智慧渔场，形成一批数字化解决方案，加快推动智慧农业从“盆景”走向“风景”。②搭建物联网平台、收集关键数据，建设农产品智能加工车间，集成应用现代信息技术和成套智能加工设施装备，提高农产品加工效率和质量。③推动农产品产地市场开展数字化改造，强化进出库、运输、交易的全程数字化管理，提升物流运营效率和供需匹配水平，促进农产品网络销售。

(4) 拓展数字支撑的农业生产场景，加速数字化技术在农业生产微领域的落地。目前，我国已经在耕地用途管控、农产品质量安全监管、农业社会化服务及科技信息服务等领域形成了较为完善的数字化应用场景。如何基于农业农村大数据平台，定制开发个性化应用场景是未来的发展方向。考虑到人民群众的基本生活保障及粮食安全等问题，关于数字化及智能化技术在我国农业生产中的应用，预计将会在生物育种、粮食生产、生猪养殖、油料产能等重点领域有较大突破。

2. 提升乡村治理水平，激活乡村经济活力

提升乡村治理水平、激活乡村经济活力是数字乡村建设的重要方向，建设的重点体现在以下几方面。

(1) 提升乡村数字化治理效能，改善基层治理生态。大数据等信息技术的应用，为乡村基层治理提供了契机。为了更好地发挥信息技术在数字乡村建设过程中的作用，未来还需要实施村级综合服务提升工程，提高村级综合服务信息化、智能化水平；加快推进网上政务服务平台建设，为农村居民提供精准化、精细化的政务服务；探索推广数字乡村治理新模式，拓展乡村治理数字化应用场景。此外，还可以开展网格化服务管理标准化建设，深化平安乡村建设。

(2) 发展乡村数字文化，丰富基层生活形式与内容。例如，加大对“三农”题材网络视听节目的支持，增强优质内容资源供给；开展“净网”“清朗”等各类专项行动，为农村地区少年儿童营造安全、健康的网络环境；加大对乡村优秀传统文化资源的挖掘和保护力度，推进中华优秀传统文化传承发展工程“十四五”重点项目，推动实施国家文化数字化战略；完善历史文化名镇名村和中国传统村落数字博物馆建设，推动实施云上民族村寨工程；依托乡村数字文物资源库和数字展览，推进乡村文物资源数字化永久保存与开放利用。

(3) 培育乡村数字经济新业态，激发乡村经济活力。各地可以因地制宜，利用大数据等信息技术赋能乡村经济发展，促进乡村经济数字化转型。例如，推进“互联网+”农产品出村进城工程，深化农产品电商发展，培育快递服务现代农业示范项

目，建设农村电商快递协同发展示范区，推进交通运输与邮政快递融合发展；强化乡村旅游重点村镇品牌建设，加大乡村旅游品牌线上宣传推广力度，培育发展乡村新业态；推动农村数字普惠金融发展，加大金融科技在农村地区的应用推广，持续推进农村支付服务环境建设，推广农村金融机构央行账户业务线上办理渠道及资金归集服务，推进移动支付便民服务向县域农村地区下沉。

3. 改善农民生活质量，实现农民安居乐业

改善农民生活质量，实现农民安居乐业，是全面推进数字乡村和乡村振兴战略的中心目的，建设的重点体现在社会保障、惠民服务及消费升级等方面。

(1)完善社会保障服务，形成基础民生服务体系。积极开展数字政务等基本服务，利用信息技术提高农民生活的便利性。例如，持续完善全国统一的社会保险公共服务平台建设，建立以社会保障卡为载体的居民服务“一卡通”，进一步优化乡村基层社会保险经办服务，不断扩大服务范围。推动“最多跑一次”“不见面审批”“跨省通办”“全程网办”等在线服务模式在乡村实施，网上办、马上办、少跑快办，大幅提高农民办事的便捷程度。持续完善就业信息化平台建设，加强脱贫人口、农民工、乡村青年等群体就业监测与分析。充分利用互联网平台汇集岗位信息，拓宽广大农民外出就业和就地就近就业渠道。面向农村转移劳动力、返乡农民工等群体开展职业技能培训，支持帮助其就业创业。

(2)拓展数字惠民服务空间，缩小城乡之间的惠民服务差距。例如，大力发展“互联网+教育”，加快推进教育新型基础设施建设，持续完善农村中小学校网络建设，提升农村中小学校网络承载能力和服务质量，为农村薄弱学校和教学点输送优质教育资源，提升农村地区师生教育信息化素养。构建权威统一、互联互通的全民健康信息平台，推动各级各类医疗卫生机构纳入区域全民健康信息平台。稳步推进医疗机构信息系统集约化云上部署。推进“互联网+医疗健康”“五个一”（“一体化”共享、“一码通”融合、“一站式”结算、“一网办”政务、“一盘棋”抗疫）服务行动，继续加强远程医疗服务网络建设，推动优质医疗资源下沉。

(3)推动农村消费升级，提升农村生活质量。例如，实施县域商业建设行动，扩大农村电商覆盖面，健全县乡村三级物流配送体系，促进农村消费扩容提质升级。支持大型商贸流通企业、电商平台等服务企业向农村延伸拓展，加快品牌消费、品质消费进农村。加快农村寄递物流体系建设，分类推进“快递进村”工程，推广农村寄递物流末端共同配送。推进抵边自然村邮政普遍覆盖。引导传统商贸流通、邮政企业强化数据驱动，推动产品创新数字化、运营管理智能化、为农服务精准化，支持企业加快数字化、连锁化转型升级。

课后习题

1．请简述大数据带来的社会治理理念创新。
2．请简述大数据带来的社会治理方法创新。
3．请简述数字政府建设的现状、阶段、问题，思考未来发展方向。
4．请简述智慧城市建设的现状、阶段、问题，思考未来发展方向。
5．请简述数字乡村建设的现状、阶段、问题，思考未来发展方向。
6．请辩证思考社会治理过程中的技术与管理问题。

课后案例

“粤省事”移动政务服务平台创新实践

办事难、办事堵、政策颁布与群众信息接收难等问题是催生数字化政府建设的关键要素。2017 年 12 月 1 日，中共广东省委召开深化改革领导小组会议，会议明确全面深化改革的重中之重是将广东打造为“数字型政府”。在此背景下，“粤省事”“粤商通”“粤省心”等信息服务平台被陆续推出。其中，“粤省事”是广东“数字型政府”建设重点打造的一款集民生、政务服务于一体的手机应用程序，目的是打破政府部门、企业与群众之间的信息孤立，为政府、企业、群众架起政务、民生信息传递与服务的“桥梁”。

2018 年 5 月 21 日，“粤省事”移动政务服务平台的政务服务小程序正式上线。“粤省事”小程序及服务号由广东省级/各地市政务部门、数字广东公司、腾讯、三大电信运营商以及行业优秀企业一起组成的项目团队共同开发，打造以侧重产品内容为主的公众号及以侧重办事服务为主的小程序，是覆盖全广东省及粤港澳大湾区的移动信息服务平台。该平台围绕“一站式，更省事”的理念，将超过 24 个广东厅局的政务服务整合至单一线上平台，并结合微信公众号发布了应用详细教程与问题反馈平台；小程序内提供 24 小时智能助手，让群众能够随时随地地“指尖办事”，真正做到让“政府数据多跑动、让百姓少跑腿”。

“粤省事”移动政务服务平台虽“小”但功能丰富，已经为企业与民众提供了真真实实的便利。目前，该平台已经设立涵盖人社、教育、法律、公安等多个服务的专区，提供“公积金、社保、护照通行证、行使驾驶、税务、户政(治安)、生活缴费”等多项服务。根据广东省政务服务数据管理局官网等提供的数据：截至 2022 年 5 月，也就是“粤省事”运营四周年之际，累计上线 2500 项服务、92 种个人电子证照和 31 项常用个人数据，其中 1116 项服务实现“零跑动”，“最多跑一次”“一

网通办”等创新实践不断涌现；小程序共设 16 个专区，实名注册用户数已突破 1.64 亿个，平台总访问量已超 1124 亿次，上线以来累计业务办理量超 350.47 亿件；同名公众号粉丝数突破 2800 万个，总阅读量突破 1.4 亿次。

新冠肺炎疫情期间，“粤省事”移动政务服务平台也发挥了重要作用。2020 年疫情之初，广东政务服务网累计业务办理量同比增长 244.2%，“粤省事”小程序的实名注册用户在 4 个月内激增 3000 万余个，单月业务办理量从 1 月的 3698 万笔跃升至 4 月的 2.05 亿笔。依托全国一体化政务服务平台，广东“粤康码”顺利与各省人员健康数据关联共享，实现了跨地区健康通行码互认，为精准开展疫情防控和有序推进复工复产提供有力抓手。截至 2020 年 5 月 25 日，“粤康码”累计使用人数 9005 万人，亮码 13.5 亿次。

“粤省事”移动政务服务平台并非完美，也存在着平台系统关联紧密性强度低、部分功能受地域限制等问题。2022 年 1 月 10 日，“粤省事”一键出示“粤康码”功能崩溃 90 分钟，造成部分地铁站入口出现堵塞的情况。但多位业内人士表示，造成故障的原因不仅仅是访问量突增的问题，因为在“粤康码”崩溃的 90 分钟里，微信小程序“深 i 您”“穗康码”以及由全国一体化政务服务平台提供服务的支付宝健康码均可正常使用，只有“粤省事”这个渠道出了问题。也就是说，“粤省事”移动政务服务平台融合了多个系统的功能，但全国各地数据架构有差异，“粤省事”移动政务服务平台存在整体架构耦合强但健壮性不够的问题，需要克服顶层设计能力和协同能力不一致、项目内部各方、项目与其他数字基础设施之间相互协调等问题。

阅读上述材料，请回答下列问题。

1. 请访谈身边的人，调研移动政府服务平台的使用情况。

2. 请以自己所在城市的移动政府服务平台为例，整理该平台提供的服务、不同服务的使用数据。

3. 请以自己所在城市的移动政府服务平台为例，思考和总结未来可能的政府服务创新场景。

第 6 章

大数据与企业数字化转型

课前导读

本章首先呈现企业数字化转型的总体情况，介绍数字化转型的含义与场景，以及企业数字化转型的阶段、挑战与建议；然后分别介绍大数据与供应链管理、财务管理、人力资源管理及客户关系管理的融合，引导读者追踪企业数字化转型的最新实践。本章内容组织结构如图 6-1 所示。

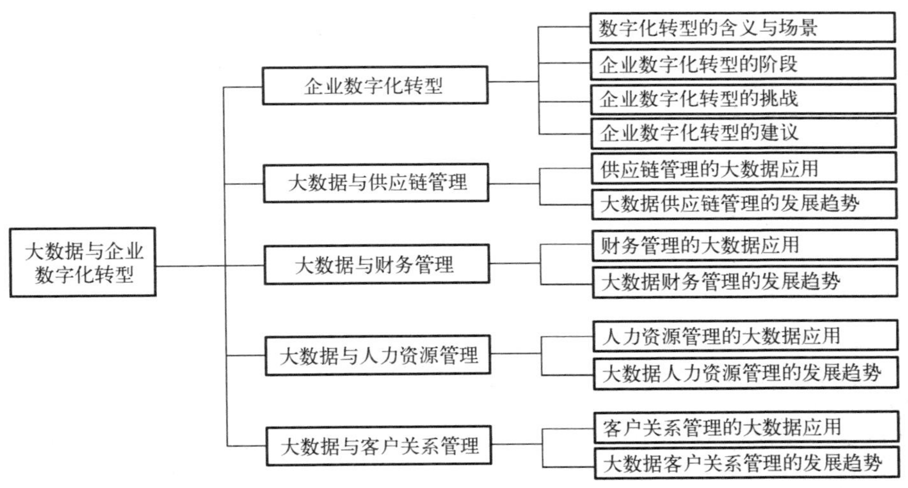

图 6-1　本章内容组织结构

学习目标

目标 1：理解信息化、数字化、智能化与数智化之间的异同。

目标 2：熟悉企业数字化转型的阶段、挑战与建议。

目标 3：能够协助制定企业数字化转型方案。

目标 4：熟悉企业数字化转型的场景与最新实践。

本章重点

重点 1：数字化转型的含义与场景。

重点 2：企业数字化转型的阶段、挑战与建议。

重点 3：企业内部的大数据应用场景。

本章难点

难点 1：企业数字化转型的路径。

难点 2：企业数字化转型的场景。

6.1 企业数字化转型

时至今日，信息化、数字化、智能化、数智化等概念已经非常普及。对很多人来说，这些名词看起来都懂，但要真正解释清楚其含义比较困难。本节首先区分这些概念之间的差异，然后以“数字化”为抓手，介绍企业数字化转型的阶段挑战及建议，以期为管理实践提供启示。

6.1.1 数字化转型的含义与场景

6.1.1.1 数字化转型的含义

信息化(Informatization)通常指现代信息技术应用，尤其是促成应用对象或领域(如企业或社会)发生转变的过程。2006年，中共中央办公厅、国务院办公厅印发的《2006—2020年国家信息化发展战略》对信息化的叙述是：“信息化是充分利用信息技术，开发利用信息资源，促进信息交流和知识共享，提高经济增长质量，推动经济社会发展转型的历史进程。”从上面的表述可以看出，“信息化”有两个重点：一是强调现代信息技术应用；二是强调现代信息技术应用后的状态转变过程。也就是说，“企业信息化”不仅指在企业中应用信息技术，更重要的是深入应用信息技术所促成或能够达成的业务模式、组织架构乃至经营战略的转变。

数字化(Digitalization)原本的含义是指将信息转换成数字(通常是二进制)格式的过程，即将一个物体、图像、声音、文本或者信号转换为一系列由数字表达的点或者离散集合的形式。在管理领域，“数字化转型”已经有了较为丰富的实践。例如，“企业数字化”指企业借助新的技术，重新设计和重新定义与客户、员工以及合作伙伴的关系，涵盖了从应用的现代化改造、创建新的业务模式到为客户提供新产品和服务的方方面面。

智能化（Intellectualization）还没有统一的定义，但一般认为有两方面的含义：一是采用“人工智能”的理论、方法和技术处理数据与问题；二是具有“拟人智能”的特性或功能，如自适应、自学习、自校正、自协调、自组织、自诊断及自修复等。随着人工智能技术的发展，“智能化”已经成为工业控制和自动化领域的新技术、新方法及新产品的发展趋势和显著标志。

数智化是新兴的名词，最早见于 2015 年北京大学“知本财团”课题组提出的思索引擎课题报告，由“数字智慧化”与“智慧数字化”两个过程合成。数智化有三层含义：一是“数字智慧化”，即在大数据中加入人的智慧，使数据价值提升，提高数据的效用；二是“智慧数字化”，即运用数字技术，把人的智慧管理起来，相当于从“人工”到“智能”的提升；三是把这两个过程结合起来，构成人机的深度对话，使机器继承人的某些逻辑，实现人机深度融合。

对比上述定义，从语言学的角度来看，信息化、数字化、智能化、数智化既可以理解为名词（如实现信息化/数字化/智能化/数智化），也可以解释为形容词（如信息化/数字化/智能化/数智化转型）。从技术影响的程度来看，上述四个定义高度相关：信息化是数字化的基础和早期形态，数智化则是数字化和智能化的融合和高级阶段。综合以往理论研究进展及管理实践的成熟度，本书将“数字化”作为关注点。对于数字化转型，本书使用以下定义：

数字化转型是指利用大数据、人工智能、5G、区块链等现代信息技术，培育数字经济、智慧经济、信息经济等新的增长点，满足经济社会发展过程中信息数据智能化处理、分析和管理的需要，实现经济社会数字化、智能化发展的模式或过程。

6.1.1.2　数字化转型的场景

对企业来讲，数字化转型是指企业借助新的技术，重新设计和重新定义与客户、员工以及合作伙伴的关系。数字化转型不是一次性活动，而是以最恰当的方式不断发展和响应不可预测、持续变化的客户期望、市场状况以及当地或全球的事件。结合上一节内容可以看出：企业数字化转型过程中，“信息技术”“数字化技术”是手段，“转型”“重塑业务场景”“满足客户期望”等才是重点和目的。

企业数字化转型实践已经广泛开展，是现代企业不可避免的发展趋势。首先，数字化转型已经成为我国经济社会发展的方向。2021 年全国两会《政府工作报告》提出，“加快数字化发展，打造数字经济新优势，协同推进数字产业化和产业数字化转型，加快数字社会建设步伐，提高数字政府建设水平，营造良好数字生态，建设数字中国”。国家政策导向不仅给企业带来了转型的制度压力，也意味着潜在的政策红利。

其次，数字化转型已经成为企业面临的现实压力。2020年暴发的新冠肺炎疫情，给企业的正常运营带来了极大挑战，组织韧性、供应链安全及远程办公等成为企业面临的现实压力，甚至是生存困境。企业积极拥抱数字化、智能化，不仅仅是为了追求潮流，还是为了真真切切地解决实际问题。从现实情况来看，如何制定和规划数字化转型方案，如何整合线上线下渠道、跟踪与预测销售过程、构建大数据分析能力等是企业面临的实际压力。综合相关研究与实践进展，本书列出了几种常见的企业数字化转型的业务场景(见图6-2)。

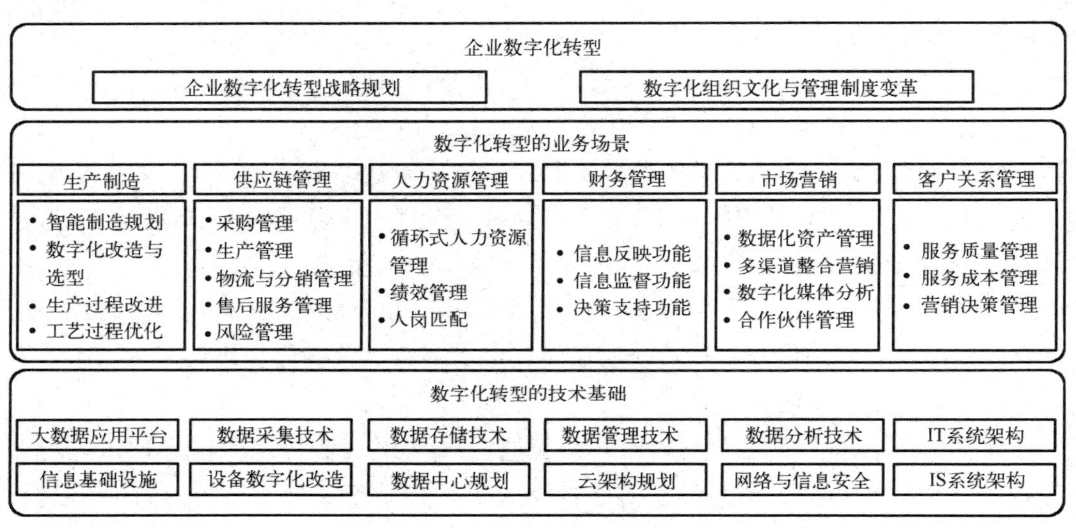

图6-2 企业数字化转型的业务场景

如图6-2所示，大数据应用平台、数据采集技术、数据存储技术、数据管理技术、数据分析技术等是企业开展数字化转型的技术基础；营造与数字化组织相适应的组织文化与管理制度，实现企业数字化转型战略是最终的目的；利用数字化技术推动不同业务场景转型是实现上述目的的有效途径。对企业来说，企业数字化转型涵盖了生产制造、供应链管理、人力资源管理、财务管理、市场营销、客户关系管理等企业的所有方面。

6.1.2 企业数字化转型的阶段

企业数字化转型存在着诸多场景。从底层信息基础设施规划到实现企业数字化转型战略，不可能一蹴而就，需要根据实际情况，分步骤分阶段逐步进行。本节将

综合相关研究与实践的最新进展，介绍企业数字化转型的常见阶段(见图 6-3)，以帮助读者更好地理解企业数字化转型的曲折性和复杂性。

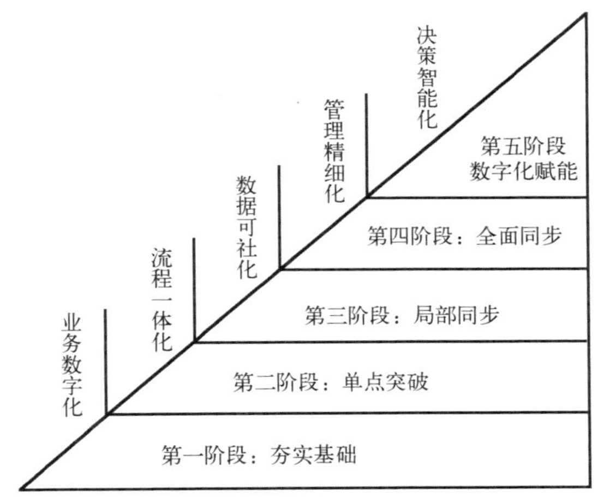

图 6-3　企业数字化转型的常见阶段

第一阶段：夯实基础，积极推进企业业务的数字化转型。

企业在这一阶段要实现内部流程数字化，可以借助软件企业等提供的平台，实现诸如销售、制造或财务等流程性工作的自动化，加强大数据基础设施建设，积极开发或购置大数据技术产品，实现数字化平台的流程自动化，为从手动操作转向数字化管理提供必要的条件。同时要将资金、人才等资源向数字化转型方向倾斜，使数字化转型成为企业管理层所具备的一种常态意识，并随着技术进步、模式发展对企业数字化转型战略进行适时的动态调整。

这个阶段的特征是帮助企业实现互联互通，把企业原来的线下业务流程管理搬到线上，中间的过程产物或结果能够得到数字化的记录，并形成对企业业务描述的数据，夯实企业转型的数字化基础。

第二阶段：单点突破，积极推进企业流程的一体化转型。

由于企业的业务流程涉及多个环节，数字化很难一蹴而就，往往是按系统或模块逐步搭建。在这一阶段，几个或者某些职能部门开始使用颠覆性技术构建新的商业模式。具体实施时，根据企业自身情况综合评估数字化转型的成本、风险以及收益等各项指标，选择某一关键业务为切入口，并将其作为重点关注、精准支持的数字化转型标杆，实现单个部门或某个产业领域的单点突破。例如，制造部门可能已经通过物联网改造，在生产过程、制造方式和物流管理等方面取得了重大进步。

不过，不同的系统及模块，倘若在信息交互上不能联通，就会成为一座座孤岛，

大大降低作业效率。因此，企业不同部门或业务单元之间的系统需要连接起来。例如，通过展示已有部门或某项业务完成数字化转型的成果，提高整个企业进行数字化转型的积极性，同时为企业整体进行数字化转型积累经验，再由点到面地拓展到其他业务，最终实现企业整体的数字化转型。

第三阶段：局部同步，积极推进企业业务的数据可视化。

经过第一、二阶段的发展，企业领导者往往已经开始意识到数字技术所产生的颠覆性力量，并且能够对企业未来的数字化状态做出预期。在第三阶段，企业整体已经开始朝同一个方向前进。然而，企业还没能完全转型到以数字化为核心的经营模式或者全新的商业模式阶段，也没有建立起反应灵敏的创新型文化以及可持续的发展能力。

在这个阶段，需要提高对整个项目的可感知性、可调节性。企业需要进一步提升业务的可视化程度，加强数据的可追溯性，使得整个项目周期能够得到全程监测、管理、追踪等。在此过程中，需要企业把业务场景化，再把场景数字化，还要考验企业对外的兼容性和协同性。

第四阶段：全面同步，积极提升企业的精细化管理。

管理的迭代，是由粗到细逐步形成的。在人工线下管理阶段，由于存在明显的效率瓶颈及能力边界，业务信息的记录无法做到精细化，从而导致业务的决策也无法做到精细化。利用数字技术对企业进行数字化转型，尤其是经过前三个阶段的数字化转型与建设之后，企业往往已经得到较大的发展，整个企业范围内的数字化平台或新的商业模式已经扎根。

不过，此阶段的数字化转型是一场单次而非重复性的转型，它仅仅是企业为了规避颠覆性技术(或商业模式)的冲击而做出的应对性变革。要想规避未来一次又一次不间断的颠覆性冲击，企业必须营造组织学习氛围，培养组织学习文化，并将大数据决策嵌入组织结构，使数字化能力和灵活的创新文化成为自己持续发展的血脉。例如，在人力资源管理方面，开发适用于内部员工的数字化技能基础课程，并将课程开发和学习成果纳入数字化积分项目管理中，同时鼓励员工自主开发课程和自主学习知识技能，让员工融入终身学习氛围。也就是说，企业数字化转型不仅是利用技术重塑业务，还需要企业组织结构和组织文化等方面进行同步转型，全面提升企业的精细化管理水平，使业务的精细化决策成为可能。

第五阶段：数字化赋能，全面提升企业的决策智能化水平。

有的企业之所以能够一直保持行业领导地位，是因为保持创新并引领行业发展趋势已经成为它的准则。数字化转型的目标是形成“数字化赋能准则”，使企业能够建立基于数字化决策的“基因”，形成可持续发展的长效机制。一般来说，企业经过

前面几个阶段的改造迭代，已经有了大量的数据积累，可以通过数字化系统为企业中高层的战略及执行决策提供可靠的支持，不再完全依靠领导者的经验来决定业务发展方向。

因此，形成“数字化赋能准则”的关键在于全员动员，使“数字化赋能准则”成为每个员工的一部分。例如，可以为员工的数字化能力发展提供平台，为其制定完善的晋升模式和激励机制，培养员工的主人翁意识，持续提高其数字化转型的能动性和创造性，建设一支高水平的数字化人才队伍。这样的企业不仅是市场领导者，还是准则创造者。

6.1.3 企业数字化转型的挑战

从“信息化”到“数字化”，既不是自然过渡，也不是简单的过程。企业数字化体系建设不仅涉及某一局部领域，还对组织的各个方面都有影响。本节将简要介绍企业在数字化转型过程中可能遇到的挑战。

(1) 企业战略的挑战。数字化转型是新兴实践，目前还很难准确预测数字化转型的清晰蓝图和路径。正是由于收益的不确定性、变革的激烈性和企业之间的差异性，很难照搬其他企业的现成案例来对目标企业进行数字化改造。由于很难根据可衡量的产出目标来确定需要采取的相应措施，很多企业高管在面临外部和内部压力时选择了放弃。Wipro Digita 的调查显示，大多数数字化转型失败都是由战略执行不力、首席执行官的支持范围和支持方式不确定导致的。数字化转型依然是典型的“一把手工程”。

(2) 企业文化的挑战。缺乏对数字文化及其意义的理解是企业数字化转型的另外一个挑战。在计划进行转型之前，企业需要明白在企业内部创建数字文化的必要性，但实际上很多企业并没有做到这一点。大多数企业都会认可转型的必要性和可能的曲折过程，但往往忽略转型路上的利益相关者，经常在出现业绩或效率下滑时盲目叫停转型。因此，企业需要在企业内部建立数字文化，引导员工、客户和其他利益相关者明白可能的困难，并提前做好预案，为企业的数字化转型提供良好的文化支撑。

(3) 技术融合的挑战。从技术角度来看，数字化转型面临的是数字技术与智能技术的融合。一般而言，信息化转型通常是基于传统 IT 架构模型开展的，而“数字化”是基于以“云管端”及“AIoT”为代表的新技术的。技术架构体系依靠的是系统开发流程、逻辑思维、工具方法的迁移。数字化企业需要的不仅是硬件、软件解决方案，还要有一套面向客户全生命周期服务的运营方案，要以数据为资源基础，以强大算力驱动人工智能模型来对数据进行深度挖掘加工，从而持续产生各种智慧计算服务。

(4)产品体系的挑战。从产品的角度来看，“数字化”产品更加复杂。例如，对企业而言，“数字化”的重点是以用户运营为核心，构建一套实时感知、响应、服务客户的新架构体系，这将是一套基于云计算、数据中台和移动端的开放解决方案，实现与供应商、代理商以及客户的数据集成，构建基于全局优化的开放技术体系。这种智能互联的产品，不是单纯地增加了传感器、通信模块、计算模块、软件等内容，而是一个新的产品架构体系。

(5)用户需求侧的挑战。“数字化”更趋向于满足用户需求的个性化和多元化。随着人类社会数字化进程的加快，人们的需求变得越来越多元化，个性化需求也越来越强烈。在数字化转型过程中，企业面对的是众多不确定、碎片化、个性化的需求，这给企业的生产运营、研发设计等各个方面带来了一系列复杂的挑战。

6.1.4 企业数字化转型的建议

知名咨询机构麦肯锡预测，随着全球企业数字化转型加速，预计到 2025 年，全球数字化突破性技术的应用每年将带来高达 1.2 万亿至 3.7 万亿美元的经济影响价值，高度数字化转型将使企业收入和利润增长率较平均水平提升 2.4 倍。不过，麦肯锡的调查也显示，一般企业开展数字化转型的失败率高达 80%。本节在前两节的基础上，给出几点关于企业数字化转型的建议。

首先，提前规划，确定企业数字化转型战略。企业数字化转型需要以宏观的企业战略为指导，从而明确转型的目标。例如，消费品巨头利丰公司在开展数字化转型时，首先制定了一个关于供应链管理的三年战略，即认为移动服务与实体店同样重要，寻求缩短产品生产周期，提高产品上市速度，并改善其在全球供应链中的数据使用效率。企业可以借助外部咨询机构等，确定数字化转型战略和目标，并制定具体的实施方案和转型路线图。

其次，分步实施，确定起点与优先级。在确定数字化转型的战略与目标之后，企业需要审查现有的系统和资产。哪些机器已经实现数字化？哪些机器需要物联网网关？企业的 ERP 系统是现代化和可扩展的，还是仍然基于磁盘数据库内存运行的？结合转型目标明确需要转型的业务场景与范围，查找内部运营优先级高且转型路径简单的流程，尽早启动项目。例如，利丰公司在确定具体目标后，采用虚拟设计技术，将产品从设计到样品的时间减少了 50%；还帮助供应商安装了实时数据跟踪管理系统，大大提高了生产效率。

再次，内外结合，善用内部与外部人员。企业在开展数字化转型过程中通常会招募大量外部顾问，然后采纳实施方提供的标准“最佳策略”。实际上，内部人员同样重要，他们是企业日常运营的亲历者和实际业务逻辑的操作者，更能体会企业客

户的痛点和问题(如日常投诉等)、自己工作存在的问题(如业务流程的问题)。也就是说，加强内外部人员之间的沟通、交流与协作，将外部人员的技术实施经验与内部人员的业务知识经验相结合，才能更好地推动企业的数字化转型。

最后，打消疑虑，营造适应数字化转型的企业文化。数字化转型具有内在的不确定性，既需要临时做出改变再调整、果断决策，也需要各个团队都参与其中。数字化企业最典型的特征是组织的扁平化。一旦企业员工意识到数字化转型可能会对自身工作产生影响(如削弱原有的权利、丢掉岗位)，就有可能下意识地抵制这种变化。企业需要意识到员工的担忧，引导员工看到数字化转型对员工来说是机会，员工可以将自己的工作与数字技术融合，成为转型的先行者，从而更好地适应未来市场。

6.2 大数据与供应链管理

供应链管理(Supply Chain Management，SCM)旨在以最经济的方式计划、控制和执行产品从物料采购到分销的全部流程以及该流程中所需要的全部活动。供应链管理的目标是在满足客户需要的前提下，对整个供应链(从供货商、制造商、分销商到消费者)的各个环节进行综合管理，即对从采购、物料管理、生产、配送、营销到消费者等的整个供应链的货物流、信息流和资金流进行管理，在支持核心业务增长的同时把物流与库存成本降到最小。

6.2.1 供应链管理的大数据应用

6.2.1.1 大数据在采购管理中的应用

采购作为供应链链条上的重要环节，对企业的生产运营具有重要价值。在采购环节运用大数据分析，通过流程的优化和再造，不仅能够帮助企业细化采购源头管理、科学客观地选择优秀供应商，还能够帮助企业改进成本控制流程，提前制定策略防范风险，使企业更快、更好地做出采购决策。

(1)供应商选择。在多元化的市场环境中，快速掌握商品的市场行情，全面了解供应商的相关信息，是采购管理中的重要工作。传统商业模式中，由于时间、成本、技术等方面的限制,供应链下游企业在选择供应商时通常很难获取客观全面的信息。在大数据环境下，企业可以快速收集采购全流程中供应商行为、业务等历史数据(如产品价格、产品质量、交货时效性、服务满意度和公司信誉等)，建立起供应商数据库；也可以根据该数据库中各个节点的供应商来源，对其质量数据、订单数据以及

可信度数据进行分析，准确给出供应商定位和画像描述；最后根据自身需求，结合相关数据指标对供应商进行评价和管理，以实现供应商选择的客观化和科学化。此外，企业还可以对供应商绩效进行实时监测和定期评估，及时淘汰不合格的供应商，实施风险洞察和规避机制，降低采购的风险。

(2)战略采购。战略采购是指在企业战略层面确定采购决策的计划、实施和控制全过程的制度，目的是指导采购部门围绕公司能力和远景开展采购活动。战略采购的主要特点体现在总采购成本、发展与供应商长期合作关系等两个方面。在总采购成本方面，企业可以运用大数据分析技术，建立最优订购量决策模型和风险评价指标体系，对采购过程中的各种潜在风险进行可视化管理，从而确定最佳订购方案，达到降低总采购成本的目的。在发展与供应商长期合作关系方面，企业可以实现与外部供应商的信息共享，让供应商能够获得企业的市场情况(如客户对产品的偏好、使用评价等)，辅助供应商及时调整产品和服务；通过上述双向利益互惠等措施，与供应商建立长期、密切、稳定的合作关系，为企业创造持续的竞争优势。

6.2.1.2　大数据在生产中的应用

随着大数据分析技术应用的成熟，很多企业正在探索智能生产与制造。例如，通过对生产过程中的数据进行全面收集，企业可以利用大数据分析技术将数据结果与预期结果进行对比分析，从而对产品设计和工艺开发流程进行不断的完善，同时有效地对生产质量进行控制，统筹生产的各个环节，提升产品质量和生产效率，使企业实现对产品生产过程的科学化管控。

(1)产品设计与开发。传统的产品设计多依据市场调研和设计师的直觉判断。近年来，产品的设计与开发越来越多地被数据驱动，设计与开发的成功更多取决于企业拥有的数据决策系统以及用户的信息反馈。一方面，企业可以通过产品全生命周期数据的采集、大数据建模和数字仿真技术优化设计模型，及早发现设计缺陷，减少试制实验次数，从而降低研发成本、提升设计效率，缩短产品研发周期，实现研发过程的智能化，提升创新能力、研发效率和设计质量。另一方面，运用大数据技术，企业可以更全面地获取消费者信息，更广泛地收集消费者反馈的意见，建立算法模型来分析不同类型消费者群体的购买行为习惯。基于这些数据信息，企业可以确定如何对产品进行有效的设计、开发和改进，从而更好地让消费者的多样化需求得到满足，提高产品的市场适应性。

(2)质量控制。生产技术水平直接关系到产品质量，质量控制工作的核心环节就是对产品的生产过程进行控制。因此，大数据在质量控制方面应用的核心是收集产品生产过程、质量检验过程等方面的数据，进行集成化加工，对整合后的数据资源

进行重新挖掘，形成一个从原始数据收集、识别、存储，到加工、挖掘和展示的闭环数据技术链条。

在产品生产过程中，很多企业已经实现利用各种实时探测技术获取生产车间的环境、温度、速度等生产属性数据，从而达到全程监控、及时调整、减少潜在风险等目的，构建产品生产过程质量问题分析系统，实现产品生产问题分析的可视化、模型化和定量化。

在产品质量检验过程中，可以收集产品的过程工艺参数、成品检验结果参数、抽查的不合格产品的检验数据以及相对应的工艺管理数据，结合生产检查结果，构建算法模型或相应的检验设备，对产品的质量做出预测和判断，从而提高质检的准确性与高效性，进一步提高产品质量。

(3) 统筹生产。统筹生产是大数据在生产过程中应用的另外一个场景。例如，可以利用大数据技术统筹生产全周期的数据，覆盖从产品投产到加工再到生产完成的所有环节；实现不同环节的数据互通、信息共享，打通工单系统。同时，搭建数据分析平台，通过全盘筹划，用最少的时间、人力、物力，获得生产的最佳经济效果。此外，基于大数据统筹生产平台，生产部门还可以与计划部门、市场部门等企业其他部门对接产品生产数据，获得其他业务数据，将这些数据汇聚在一起做统筹分析，计划和确定下一个生产周期的产能供应水平，尽可能实现产能和效益的最大化。

6.2.1.3　大数据在物流与分销中的应用

物流与分销是大数据供应链管理的重要应用场景。物流企业可以通过物流大数据平台，有效地进行市场需求和发展趋势预测，制定科学合理的仓储管理制度，建立迅速高效的信息化物流配送方案，为客户提供方便快捷的服务。

(1) 需求预测。需求预测是供应链管理的重要组成部分，可以帮助企业在一系列不可控和竞争性因素下评估自身产品的需求量。传统的需求预测通常取决于过去的销售数据、消费者行为和季节性波动，随着数据获取的便利性及分析技术的进步，依靠真实、海量的市场数据成为企业预测需求的新方式。例如，企业可以运用大数据技术，对市场数据进行收集、分析、处理，通过统计分析、预测建模、数据挖掘、实时评分、文本分析和机器学习等方法，对非结构化数据进行有效整合，提取规律性的信息特征，预测市场需求的变化和发展趋势，及时准确地掌握市场需求的变化规律。

(2) 仓储管理。大数据在仓储管理中的应用主要体现在仓储中心选址、仓储备货管理、仓库人员管理等三个方面。在仓储中心选址方面，企业可以充分考虑交通、

运输、路线、时间等各种各样的因素，根据运输成本和仓储成本的综合比较，找出最合适的仓储地点。例如，京东物流部门于2017年在唐山建设了国内第一个前店后仓的体验中心，通过京东大数据在了解客户商品偏好、物流时效要求的基础上，合理设计仓储布局，重新组合了“人、货、场”之间的关系。

在仓储备货管理方面，企业可以根据以往的销售数据进行建模和分析，判断当前商品的安全库存并及时给出预警，实现精细化库存管理；有效降低库存存货，实现仓储备货的可视化、科学化管理，从而提高资金的利用率。以电商巨头亚马逊为例，亚马逊的智能仓储管理技术能够实现连续动态盘点，对库存预测的精准率可达99.99%。在业务高峰期，亚马逊通过大数据分析，可以做到对库存的精准预测，在配货规划、运力调配、末端配送等方面做好准备，从而平衡订单运营能力，大大降低爆仓的风险。

在仓库人员管理方面，企业可以收集仓库人员取货的路线、速度、选货时间等数据，通过智能视频监控和数字化分析，统计仓库人员的行为和效率，从而对不同货物的取货路线设计进行优化，在提升员工工作效率的同时，确保仓库作业标准合规，实现库区的可视化、智能化、标准化管理。

(3)配送。配送运输成本是物流成本的重要组成部分。传统物流配送路线的确定通常依赖于司机的个人经验，缺少科学合理的路线规划支持。近些年来，在大数据系统的支持下，企业可以利用全球定位系统及云技术等收集用户、路线、车辆等基础数据，公共交通和天气信息等数据；将基础数据与交通信息进行匹配，根据导航系统对路况信息进行整合，进而分析得出可能的最优配送路线，保证不同运输方式和阶段有效对接，从而有效提高运输效率。

6.2.1.4 大数据在售后服务中的应用

大数据在售后服务中的应用主要考虑两种情况：一是物的情况，主要是制造型企业对销售给全球各地产品的运行状况进行实时监管，保证产品质量和售后服务水平；二是服务的情况，即企业通过引入客户服务管理体系直接连接客户，在售后方面与客户实时互动、联动，持续追踪客户需求，提供优质售后服务，实现从保留客户到提升客户关系再到重复购买的商业模式。

部分企业已经将大数据技术应用到日常售后服务中，对售出产品进行实时监控并在线升级其服务水平。以家电服务业巨头海尔为例，该企业采用创新的MFOP质量模式，根据模块诊断预测模型，借助大数据对售出产品的运行状况进行实时监控和综合分析。当产品出现问题时，系统会自动分析可能引发故障的原因。若是由操作不当引起，系统会及时对客户进行提醒和引导；若是确认存在故障隐患，就会预先安排上门服务，杜绝故障发生。这样的举措不仅有助于加强产品质量管理、提升服务效率，还为客户带来了零报修、零故障、零宕机等高品质体验。

6.2.1.5　大数据在供应链风险管理中的应用

企业供应链管理体系的风险管理包含事前、事中以及事后风险管理等三个环节。大数据分析技术在供应链风险管理中的应用主要表现在以下几个方面。(1) 事前风险管理阶段，可以基于企业运营过程中的各类半结构化及结构化的数据，利用大数据分析技术对潜在的风险源进行判断，为企业供应链管理体系的稳定性提供强有力保障。(2) 事中风险管理阶段，可以对供应链体系中的各类数据实行统一化处理，帮助企业更为全面地掌握各个经营环节可能存在的风险问题，找出风险问题分布的规律，提出与之相适应的风险调控管理方案。(3) 事后风险管理阶段，可以利用大数据技术全面评估风险管理的结果，综合前期积累的各类风险管理数据，总结有效应对各类风险的防控措施，提升供应链风险管理的有效性。

6.2.2　大数据供应链管理的发展趋势

6.2.2.1　智能化

随着通用人工智能技术的应用，企业可以对物流系统进行智能化设计。即可以通过自主路线设计、人眼识别、捕捉等仿真技术，实现系统集成的独立决策，使以经验为基础的传统决策模式发生彻底转变。随着智能化与无人化程度的提升，供应链运营过程中人的参与因素将会逐渐减少直至消除。在供应链系统实现智能化之后，物流产业将有望完全避免操作错误，使物流运作方式更加有序、高效，实现交通路线规划、终端配送、仓库管理的智能布局，改变商品流通和物流协调的方式，大大提高供应链管理的整合效率。

6.2.2.2　共生化

“工业共生”是供应链管理领域的新兴概念，强调通过优化原料与能源消耗、将副产品作为其他产业原材料等方式，降低产业库存及库存成本，提高企业运营效率、知名度以及竞争力。供应链共生秉持可持续发展和共享发展的理念，更加关注企业的生命周期和社会责任。它主张从运营和供应链管理的角度引入新的供应商，形成新的供应链协作共生网络；通过网络参与者的嵌入性、位置因素和社会资本共生等，在合作伙伴之间建立相互依赖的关系，利用供应链合作、整合与协调等实践提升企业的运营绩效。

6.2.2.3 短链化

与传统的长供应链相比，短供应链的核心是减少运输次数并缩短运输距离。其目标是通过缩短中间链条，实现从生产商到销售商再到客户的短供应链目标，使生产商、销售商和客户受益。大数据具备赋能供应链短链化的优势，即通过自动化操作和大数据处理能力，缩短供应商的采购前置期，缩短生产、调试及安装周期，优化流程系统，缩短信息周转周期，从而使产品信息迅速在物流系统内传递，避免长链条带来的信息滞后和损失，推动供应链柔性化，适应需求不断变化所带来的不确定性和风险。

6.2.2.4 智慧化

随着大数据、人工智能技术的应用，企业还可以对物流信息系统进行智慧化改造。物流信息系统的智慧化指的是利用大数据、智能硬件、物联网等技术与手段，提高物流信息系统的智能执行和决策能力，提升物流信息系统的智能化、无人化和自动化水平。例如，在网络协作方面，通过将物联网、传感网和互联网整合，实现物流的可视化、智能化和网络化；通过人工智能、大数据分析和物联网等技术改变物流协调方式，实现存储、运输和交付的全链条智能化和社会化，使资源配置和流通效率取得根本性飞跃，从而提高资源利用率和生产力水平，创造更丰富的社会价值。

 6.3 大数据与财务管理

财务管理(Financial Management)指的是组织中与盈利能力、费用分摊、现金分配和信贷控制等有关的领域或职能，是企业根据财经法规制度，按照财务管理原则，组织企业财务活动、处理财务关系等一系列的经济管理工作。财务管理是企业管理的重要组成部分，主要工作内容包括投资管理、筹资管理、资金运营及利润分配等，目标是支持组织尽可能拥有实现其目标的经济手段。

6.3.1 财务管理的大数据应用

6.3.1.1 大数据在业财数据融合中的应用

企业财务数据主要来源于企业会计。然而，由于传统会计以核算反映型会计为主，企业财务数据存在概括性、结果性、过去式、结构化、货币化、自身性、割裂性等不足，导致企业的业务和财务不能实现有效的融合。在时间上，传统会计针对过去已经发生的业务活动的交易结果，产生过去式的数据，从而导致财务滞后于业

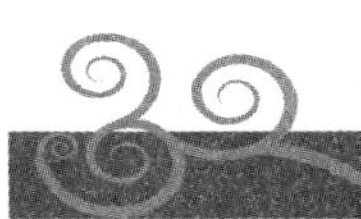

务；在空间上，传统会计产生的各类数据相互割裂，难以反映各类数据之间的关联性，从而难以反映业务和财务之间的关联性；在内容上，传统会计只能反映经济业务直接主体之间的交易行为，忽视了对非直接因素等信息的收集与加工，难以反映业务库和财务库之间的相互融合。

大数据技术推动企业管理的智能化发展，促使与企业相关的各种数据越来越便于收集、存储和使用。与此同时，由于信息系统能够支持复杂计算，也为大数据在管理决策层面的应用创造了很好的前景。在业财一体化的信息系统中，企业可利用的数据将从财务“小数据”逐步扩展到业务“大数据”，从而支持企业清晰追溯业务交易的全过程，拓展了财务核算的信息维度。此外，大数据技术也能支持企业积累更多与财务结果并不直接相关的业务信息，拓展了企业后续决策的信息来源。

6.3.1.2　大数据在多源财务数据融合中的应用

由于缺少有效的信息系统规划和数据科学利用规划，很多企业的财务部门还没有和其他部门进行有效衔接，从而导致数据孤岛林立。此外，由于缺乏健全的数据管理体系，企业也无法对数据进行模型化、抽象化和算法化操作，从而无法支撑企业的战略管理、风险管理、预算管理、成本管理、绩效管理、投融资管理、营运管理等相关决策，影响了企业依靠大数据技术解决实际问题、促进业务发展的效果。

在不确定性越来越强的市场竞争下，单纯的企业内部数据已经无法满足企业分析预测、风险控制等需求。因此，引入市场数据、同业数据、舆情数据等外部数据成为企业数据管理的重要选项。在此情形下，企业会更多地使用财务共享、社会资源利用等社会模式，使跨行业、跨专业的数据能够相互融合和渗透，为管理者的决策提供更加智能化的支持。

6.3.1.3　非结构化数据在财务管理中的应用

在传统的财务管理模式下，企业主要产生结构化数据，更多的是货币性数据。随着业务扩张和实力日益壮大，企业产生的数据量会日益增长。在海量数据管理成本居高不下的情况下，许多企业把财务部门的工作重心放在核算操作等工作上。企业在提高财务核算的准确性和时效性同时，忽略了利用大数据技术分析财务数据并创造商业价值等潜在功能。

大数据技术的发展，可以帮助企业更好地利用非结构化财务数据。例如，现实中，诸如发票要素、合同要素等大量数据都是以非结构化的形态存在的。海量数据，尤其是包含非结构化数据的财务数据，由于缺乏有效的处理，并没能转化成企业的有用资产，从而导致财务数据的利用效率较为低下。大数据技术的应用，能够促进

数据采集、处理的智能化，积累更多的非货币性数据，如通过影像识别、自然语义识别等技术将非结构化数据进行结构化处理，大大拓展了财务数据的维度。

6.3.1.4 大数据在财务信息处理中的应用

大数据技术的应用，使得企业能够更好地向新型数据要价值，更好地实现大数据在财务管理方面的功能。具体表现在以下几个方面。

(1)通过建立集成的数据平台，企业能够打破原有的信息化架构，可以更加高效、便捷地实现业务和财务数据的互联互通、紧密融合，并利用大数据技术优势，强化会计的核算与反映功能，更好地实现会计信息的智能获取、高效处理和可视化输出。

(2)通过加强对财务数据使用者的监督和控制，大数据的智能识别和监督功能可以更好地限制数据使用者的非法意图、越权操作等行为。借助大数据技术，企业能够对每一笔资金的调拨和使用进行智能分析，尤其是对可疑资金划拨进行监督和预警，加强资金安全的监督和控制。此外，借助区块链等技术，企业能够加强对财务数据的存储和监督，保证财务数据既不可篡改又可追踪溯源，提高数据的安全性。

(3)通过大数据技术，企业可以更好地开展智能预警、智能决策和智能风险监控等财务管理工作。在大数据技术未广泛应用的过去，传统的预警、决策和风险控制主要基于决策者的个人经验。伴随着大数据技术的普及和流行，企业借助基于大量事实的挖掘和分析技术，可以更好地构建智能财务风险预警模型；通过运用机器学习、人工智能、区块链等新一代信息技术，更好地实现智能预警、智能决策和智能风险监控。不仅如此，在大数据技术的加持下，企业的战略管理、风险管理、预算管理、成本管理、绩效管理、投融资管理、营运管理等能力也能得到全方位的提升和升级迭代。

6.3.2 大数据财务管理的发展趋势

6.3.2.1 财务人员的技术化

为顺应信息时代的发展，越来越多的企业财务信息记录和核算工作将逐步被计算机和算法所取代。未来对财务管理岗位人才的综合素质，尤其是信息技术素质的要求将会越来越高。在此背景下，财务人员不仅需要掌握传统的财务知识，还需要了解并掌握“大智移云物区”等相关的新一代信息技术知识，练就利用大数据技术的本领，提高有效挖掘和科学分析企业财务信息的能力。考虑到财务实践和信息技术都在不断演化和升级迭代，财务人员需要转变观念，在不断提升人文社科思维的基础上，继续提升自己的数据分析能力，提高自身的综合素质，打造适应时代发展的竞争力。

6.3.2.2　财务系统-人员的一体化

随着新经济的不断发展和企业新业态的不断涌现，企业的业务数据趋向综合化、复杂化。企业的业务、财务和其他管理活动的融合更加深入。在编制报表或者形成管理报告时，企业可以使用的数据在不断海量化，数据结构在不断复杂化，数据种类也在不断多样化，这就要求企业提高甄别数据重要性的能力，不断提高企业财务系统的智能化程度。

科学管理和处理数据离不开人与机器。企业在通过推动业务流程标准化、自动化提高自身管理控制水平时，更加需要财务系统的人机智能一体化。与此同时，财务系统的人机智能一体化设计，也需要充分考虑自然人和智能机器的各自功能，合理分配两者之间的分工，减少由此带来的伦理风险。

6.3.2.3　财务数据治理的标准化

新一代信息技术的发展和应用，使得企业对数据治理科学性的要求越来越高。尽管大数据技术促进了数据治理效率的显著提升，但来自不同应用系统的结构化、半结构化、非结构化的数据如何实现标准化治理，仍然是企业需要面对的重要问题。在大数据背景下，结构化的财务数据更多地体现在复式记账方面。随着电子发票、区块链等信息技术的普及，复式记账在未来有可能被多式记账所取代。

多式记账构建了一个由经济业务库、财务库等组成的数据库，可以记录和反映经济业务的主体、客体、过程、所依赖的规范及其产生的结果、关联性、时间等信息。半结构化、非结构化涉及的主数据、元数据等可能仍处于脉络零散、杂乱无章的状态，缺乏有效的数据治理标准来实时动态梳理和刻画。如何规范大数据时代背景下的财务数据治理标准体系，现在且未来一段时间内依然是财务管理发展的重要课题。为了顺应这一时代需求，国家、行业、企业需要在遵循财务信息相关性、可比性等原则基础上，从不同层面推动财务数据治理标准体系的建设，为财务数据治理提供更加完备的资源保障和法律保护。

6.3.2.4　财务数据管理的智能化

随着数字化的发展，传统的财务管理模式逐渐走向智能财务管理模式。大数据分析技术是企业实现智能财务管理的底层技术和前提条件。大数据分析技术可以分为运算智能、感知智能和认知智能三个阶段。运算智能可以使企业财务系统“能存会算、敏捷反应”；感知智能可以使企业财务系统“能听会说、能看会认”；认知智

能则能使企业财务系统“能解会思、能想会理”，从而实现高度的自动化、智能化。伴随着企业财务系统架构汇通化、财务管理工具应用场景化，财务数据支持和赋能销售、生产、供应链和研发创新等价值链环节的效果不断增强，财务系统的运算智能和感知智能也将会在实践中不断迭代和快速发展。

大数据背景下的财务管理如何更好地实现认知智能，仍然是当下和未来的最大挑战之一，也是未来发展的趋势。在实践中，以机器学习为核心的大数据分析技术是突破财务系统认知智能阶段的主要技术。未来，机器学习结合自然语言处理、知识图谱等数据交互分析技术，能够支持企业在动态、不确定的环境中找到更合适的应用场景并开展灵活的分析，从而提高企业经营的决策力和竞争力。企业财务数据管理的智能化是顺应数字化时代的必然趋势。

6.4 大数据与人力资源管理

人力资源管理(Human Resource Management，HRM)是对企业或组织中的人员进行管理，帮助企业获得竞争优势的战略方法，包括人力资源规划、招聘与配置、培训与开发、绩效管理、薪酬福利管理、员工关系管理六大模块。人力资源管理关注组织内部人员的管理，重点是政策和制度，目的是最大限度地提高员工绩效，为雇主的战略目标服务。

6.4.1 人力资源管理的大数据应用

6.4.1.1 大数据在招聘中的应用

精准招聘是大数据在人才招聘过程中的典型应用，主要表现在两个方面。一是利用求职者提供的信息进行职业评测，提前对求职者进行筛选与审核，降低招聘的成本。例如，已经有招聘平台开发了人岗匹配相关的算法，引导求职者按格式要求提供个人信息，对求职者的求职意向、职位技能进行打分，同时对与企业岗位要求之间的匹配度(或差距)进行量化分析，实现快速精准的人岗匹配，改善求职者及招聘企业的体验。二是充分利用社交媒体，发掘正式简历之外的求职者信息。例如，通过社交网络，人力资源管理者可以获得应聘者的日常状态、观点与想法、图像、视频等信息。这些信息在某种程度上可以反映应聘者的个性、认知能力、社会关系等特征，有利于招聘企业更加全面地评估求职者。

随着信息来源渠道的多元化、信息形式与类型的多样化以及大数据技术的应用，人才测评中的隐形特质显性化成为大数据招聘的新兴实践。通过构建大数据评测模

型（如常见的雷达模型等），可以从职业背景、专业影响力、性格匹配、好友匹配、工作地点、职业倾向、求职意愿、行为模式、信任关系等不同维度，识别应聘者内在的能力素质、潜在的职业态度和求职动机，在企业岗位及应聘者之间形成匹配，从而优化企业的招聘流程。

6.4.1.2　大数据在员工培训中的应用

员工培训是人力资源管理的重要环节，可以提升员工的工作思路、知识水平、信息水平，提高员工的才干和技能，培养员工的爱岗敬业及创新精神等。随着企业及员工数据收集与积累的便利性，大数据开始在员工培训中得到应用，大数据驱动的员工培训成为新兴实践，主要过程如下。

(1) 获取多源数据。例如，利用智能设备、办公场所物联网和传感器设施、公司内部通信系统、数字化办公系统、ERP 系统及其他合作商平台等，获取员工个人兴趣、岗位所缺乏能力及职业规划等数据，获取岗位说明书所要求的知识技能等岗位数据，获取组织目标、文化、发展规划等方面的组织数据。

(2) 制定培训方案。例如，对积累的数据进行清洗、转换、标准化，以及建立模型对原始数据进行加工，分析员工、岗位与组织数据之间的关联性，发现员工培训需求，制订出个性化、精准化和科学化的分类培训计划。

(3) 优化培训过程。例如，企业可以利用问卷调查法和访谈法获取员工对培训的看法及满意度，利用测试和线上模拟操作等手段了解员工培训前后对知识技能的掌握程度，获取上级领导、同事及客户对员工行为的看法与意见，评估培训前后员工的业绩表现及离职率等结果指标。通过对员工反应、学习、行为、结果四个层次数据的积累与分析，为未来的培训需求分析及计划制订提供改进依据，达到员工培训不断优化、人才培养不断深入的目的。

6.4.1.3　大数据在绩效管理和薪酬管理中的应用

大数据技术的出现，优化了企业绩效管理等重要环节，大大改善了企业薪酬管理实践。

在绩效管理方面，传统考核方式是通过有限的记录，由上级对员工开展绩效评价的，但这种评价通常带有一定的主观性，最终得出的结果也容易出现偏差。大数据技术大大改善了绩效管理的滞后现状，具体优化体现在以下三个方面。(1) 利用大数据技术建立优秀员工的“数字画像”，作为全体员工的考核标准。(2) 让全体员工参与到绩效考核的指标筛选、内容确定、实施流程等关键环节，提高员工对绩效考核的参与程度和积极性，进而提高其工作热情和忠诚度。(3) 预测员工绩效并及时辅

导。例如，搜索和收集员工日常业务和工作内容数据，预测全体员工的绩效；对可能出现绩效下滑的员工提前进行干预，适时对这些员工进行指导，从而帮助他们避免绩效下滑。

薪酬管理方面的大数据应用有两种场景。(1)采集和比对人才市场各企业岗位的薪酬信息，了解行业薪酬水平，对员工的价值创造情况进行客观科学的评价，及时调整自身薪酬体系，做到价值分配的公平、及时和全面。(2)企业可以综合分析员工在生活、工作中的各种信息，挖掘员工在物质、精神、心理等多个方面的价值需求与期望，分析员工的价值取向及其追求，对不同的员工采取差异化激励措施，从而提高员工的工作效率和工作满意度。

6.4.2 大数据人力资源管理的发展趋势

6.4.2.1 流程在线化

随着大数据应用及数字化转型的深入，“线上化”成为人力资源管理领域被广泛提起的新趋势。“线上化”绝不仅仅意味着将线下表单电子化，而是一个利用数字技术再造人力资源流程以及协作机制的过程。人力资源管理作为企业治理的基本框架之一，不仅包括员工测评、招聘、入职和绩效考评等工作，还涉及组织架构的设置。由于人力资源管理具有涉及范围广、业务复杂等特点，企业人力资源部门常常会出现待处理事项复杂烦琐、流程冗长耗时、档案易缺失等现象。

针对上述问题，通过“线上化”的数字化改造，企业人力资源部门可以做到在线处理员工的“入、转、调、离”等事项，部分流程做到标准化、规范化、自动化，经办人员可追溯化，并且打通招聘系统主数据，导入电子合同、电子签章，按需求自定义各环节流程，多维度展示并实时更新人事数据看板等。以上实践是人力资源流程“线上化”及人力资源管理数字化转型的重要趋势。

6.4.2.2 业人一体化

近年来，“OKR(Objectives and Key Results，目标及关键成果)”“HR SaaS”等概念不断涌现。这些概念的核心是将人力资源管理活动前移，明确并跟踪业务目标及其完成情况，促进人力资源管理工作与业务工作相融合；目的是让与客户需求和市场动态关联最紧密的业务部门获得更高效的资源支持，突破招聘工作与实际用人活动两张皮的问题。随着人力资源管理数字化转型的深入，上述趋势得到了更广泛的认同。“业人一体化”成为人力资源管理的新趋势，并被融入人力资源管理平台，

旨在赋能业务经理、人力资源经理及企业员工，促进人力资源管理与业务运营之间的高效协同。

大数据时代的人力资源管理工作和数字化转型，是一个“业人一体化”的价值创造过程。该过程以理解企业业务及其需求为起点，同时也要求业务部门参与人力资源管理，实现人力资源管理与业务场景的连接，促进供需之间的相互理解，激发人力资源管理更深层级的价值。在“业人一体化”实践方面，北森公司是国内的典范企业。该公司最新发布的 iTalentX5.0 数字化人力资源管理平台，基于“业人一体化”理念设计，以战略和业务为牵引，旨在实现人力资源管理与业务运营之间的深度融合，助力客户企业实现人才与业务的“双成功”。

6.4.2.3　服务定制化

服务定制化是人力资源管理发展的另一个趋势。人力资源管理系统存在着标准版本和定制化版本等不同产品。受“互联网+”浪潮及大数据技术的冲击，企业之间的竞争更加激烈。不同企业之间的共性因素在不断减少，个性因素在不断增加，定制化的人力资源管理系统受到了更多企业的青睐。定制化的人力资源管理系统可以针对不同企业的管理要求按需定制，通过“模块化+定制化”的灵活方式，对客户企业的差异化需求进行深入分析，在基础模块之上加以改进优化，做出符合企业人力资源管理要求的工具。

实施定制化的人力资源管理系统，有助于企业重点关注关键业务的实现过程。例如，重点关注系统功能的易用性和深度、集成与扩展性、管理模式匹配度、管理功能匹配度、业务流程匹配度、部署灵活性和实施能力等因素，落实企业的战略决策，提升企业核心竞争力。此外，定制化的人力资源管理系统可以实现以企业员工为中心的服务，为企业员工提供一个个性化、灵活且功能强大的办公平台，引导员工全面参与管理。

6.5　大数据与客户关系管理

客户关系管理（Customer Relationship Management，CRM）指的是一种企业与现有客户及潜在客户之间关系互动的管理活动，包括企业识别、挑选、获取、发展和留存客户的整个商业过程。从技术的角度来看，客户关系管理主要采用先进的数据库和其他信息技术来获取客户数据，分析客户行为和偏好特性，有针对性地为客户提供产品或服务，发展和管理客户关系，培养客户长期的忠诚度，以实现客户价值最大化与企业收益最大化之间的平衡。

6.5.1 客户关系管理的大数据应用

6.5.1.1 大数据在客户识别中的应用

互联网、社交媒体及大数据等技术的发展，为企业接触和获取客户提供了新渠道。企业可以利用这些渠道，收集潜在客户的信息并尝试与他们建立联系。首先，企业可以使用来自社会大环境的数据，如人口、经济、政治、法律、文化等方面的数据，帮助企业找到目标市场和目标客户群。其次，企业可以查找曾经使用过自己产品或服务但已经流失的客户，获取这类客户的信息，并尽可能基于他们以往的行为来发现其偏好，重新与客户建立关系。再次，企业利用地理位置服务(如商城免费的 Wi-Fi 接入或客户主动分享的位置信息)，获取一定位置范围内的客户，实现对潜在客户的精准定位。最后，企业还可以基于目标市场已有客户的多维数据，对目标客户及市场动向等进行预测分析，不断优化产品设计、生产规模、服务和工作流程等，更好地匹配潜在客户的需求，从而提升自身的客户获取能力。

6.5.1.2 大数据在客户发展中的应用

客户画像是企业利用大数据发展客户的常用手段之一。客户画像是真实客户的虚拟代表，是建立在一系列属性数据之上的目标客户模型。企业可以通过挖掘、分析数据来洞察客户行为，如通过数据采集技术获取客户属性数据(如性别、年龄、职业等)、客户交易数据(如购买记录等)、客户行为数据(如上网浏览足迹等)，深入挖掘和分析客户的消费习惯和购买行为，进一步分析出数据中隐藏的消费结构、客户产品偏好、客户对品牌的忠诚度、客户信用等信息。基于以上信息，勾勒出客户画像，对客户进行分类管理。在此基础上，企业可以利用数据分析技术建立分类模型，基于现有客户画像对潜在客户进行标签化分析，制定针对性的客户关系发展策略。

6.5.1.3 大数据在客户留存中的应用

对企业来讲，维系现有客户的成本远低于发展新客户所需要的成本。通过大数据分析来留存客户，企业需要两类数据作为支撑。一是客户使用反馈，即现有客户对企业产品或服务的故障申告、投诉、建议等。通过这些数据可以发现客户在产品或者服务使用过程中存在的问题，然后尽快解决这些问题，从而提升客户服务水平。二是企业主动发现的问题，即企业主动发现客户使用产品或服务过程中存在的问题。企业可以在客户还没有进行故障申告或者投诉的时候，就尝试修复问题或者主动对客户进行提示，增强客户对企业的好感，从而更好地保持现有客户的规模。

6.5.2　大数据客户关系管理的发展趋势

6.5.2.1　自动化

随着大数据技术的发展，客户关系管理不仅能够实现精准推荐，还可以实现市场营销、售前及售后服务等活动的自动化，降低企业客户关系管理活动的成本，提升客户精细化服务的效率和效果。

(1) 市场营销活动的自动化。客户关系管理系统可以采集“企业(商家)—客户”交互过程中的行为数据，发现相似客户可能感兴趣的产品、服务和活动，判断自己产品(服务)和客户之间的匹配度，进行个性化的自动推荐。此外，还可以通过 API 接口等技术手段与外部社交媒体进行关联，自动推送企业的营销服务内容或监控社交媒体舆情等。

(2) 售前及售后服务活动的自动化。目前，很多电子商务平台及微信小程序已经广泛采用机器人自助服务，即基于前期售前及售后遇到的问题及解决方案，通过数据分析统计客户常见的问题及相应的答案，然后自动向感兴趣的客户推送。例如，购买衣服时，客户可以直接输入身高与体重信息，就会得到系统自动回复的建议尺码；或者根据系统设置的菜单提示，找到自己咨询问题的答案。这种自助式的自动化服务，大大降低了客户关系维系的成本，提高了企业的服务效率。

6.5.2.2　智能化

智能化是大数据客户关系管理的另一个发展趋势。现有的客户关系管理系统正在融入智能技术，对软件系统进行创新和升级，以期通过智能化的场景服务，满足客户个性化需求，帮助企业更好地提高销售效率和业绩。例如，通过大数据采集、处理及分析技术，客户关系管理系统可以学习企业业务的运作模式，及时追踪销售过程并分析销售趋势，或者检测业绩大幅波动等异常业务状态。企业还可以利用客户关系管理系统对客户价值进行智能分析。例如，利用聚类分析等客户画像技术理解和识别潜在的客户分类、不同类别客户的价值诉求，然后结合自身业务情况、竞品动态信息及客户关系管理系统数据分析的结果，来设计个性化的销售方案；利用这些销售方案在销售、营销和服务方面与客户进行交互，从而吸引新客户和挖掘老客户的价值。

6.5.2.3　社交化

社交化是客户关系管理的新趋势，也被称为社交化客户关系管理(Social Customer

Relationship Management，SCRM）。SCRM是关于客户关系管理的一种新兴思维方式，即尝试通过社交媒体等方式来提高客户的参与度，如将客户的意见和反馈融入产品、服务或某种功能的设计中；通过这种与客户分享“企业—客户”关系控制权的形式，加强企业与客户之间的关系强度，从而培养客户的忠诚度，持续培养并挖掘客户价值。SCRM以连接为核心，以数据为支撑，以客户体验为突破口，延伸了企业的新销售场景，正在成为数字化营销的标配。

小米公司是SCRM运营的典范。自小米公司开始生产手机等产品开始，就尝试通过微博、在线论坛及微信等形式与客户互动，目的是聚集粉丝。设置在线的粉丝社区（即小米社区），鼓励粉丝提出自己的建议和需求从而参与产品设计，支持工程师听取粉丝意见，吸取合理的部分并改进产品设计，利用这种双向互动来增强粉丝的主人翁感和参与感。利用爆米花论坛、米粉节、同城会等线上线下活动增加小米粉丝的认同感。此外，鼓励企业员工人人都去充当客服，持续与粉丝沟通，从而加强企业—客户之间的互动沟通。

课后习题

1. 请简述数字化、智能化和数智化的差异。
2. 请简述企业数字化转型的阶段。
3. 请简述企业数字化转型过程的挑战与可能的对策。
4. 请简述大数据在供应链管理中的应用。
5. 请简述大数据在人力资源管理中的应用。
6. 请简述大数据在财务管理中的应用。
7. 请简述大数据在客户关系管理中的应用。

课后案例

汕头大学医学院第一附属医院互联网医院创新实践

“三长一短”（挂号时间长、候诊时间长、取药时间长、就诊时间短）现象是我国大医院常见的情况，也是国家一直重点关注并着力改进的民生问题。2015年，国务院推出《关于积极推进互联网+行动的指导意见》，拉开了我国“互联网+医疗健康”向纵深方向发展的大幕。全国主要医院纷纷响应国家号召，探索“互联网+医疗健康”服务的新模式，满足人民群众对高质量医疗健康服务的需求。

汕头大学医学院第一附属医院（以下简称“汕大一附院”）是“互联网+医疗健康”

实践的典范。2020年9月15日，汕大一附院互联网医院正式上线，开始提供在线复诊、处方流转、互联网+特色科室和互联网+便民服务四大类服务。患者可以通过互联网医院小程序，完成线上预约挂号、门诊缴费、报告查询、在线处方、送药到家等一系列操作，大大降低了就诊时间和费用支出。截至2021年10月，汕大一附院互联网医院累计访问16万人次，平台绑卡人数累计12万人，其中，在线复诊累计开出电子处方超过1.2万张，便民服务累计服务1.4万人次，"云药房"累计开出9000多张电子处方。

为进一步提升医疗服务水平，汕大一附院还以生殖医学科、产科等医疗服务周期性长、流程复杂的科室为示范点，开通了"互联网+专科延续服务"。通过"线上+线下""院内+院外"的服务模式，为患者提供院前、院中、院后的全周期延续服务，进一步提高了患者的就诊效率和就诊满意度。2022年1月，汕大一附院入选广东省首批"互联网+医疗健康"示范医院建设单位；2022年3月，经"智慧养老50人论坛"、中国老年学和老年医学学会智慧医养分会及中国人民大学智慧养老研究所多轮次评定，汕大一附院互联网医院项目成功入选"2021年中国智慧医养十件大事"之一。

阅读上述材料，并收集更多的材料，思考和回答以下问题。

1. 汕大一附院的互联网医院提供哪些医疗服务？这些服务是如何提升患者体验的？

2. 我国为什么要推进医疗服务的数字化转型？

3. 如果将"互联网+医疗健康"与数字乡村及乡村振兴结合，应该如何推进？

第 7 章

大数据与管理人才培养

课前导读

本章主要介绍大数据时代的管理人才培养，将从“数据科学”“数据思维”“大数据时代的学习与发展建议”三个方面分别介绍。首先介绍数据科学的定义、发展历程和数据科学家，并从宏观视角为读者展现数据科学知识体系；其次分别介绍CRISP-DM、“业务—数据”双向迭代思维、数据领导力过程模型，从业务视角剖析数据思维；最后介绍大数据背景下商科“教”和“学”的挑战与建议。本章内容组织结构如图 7-1 所示。

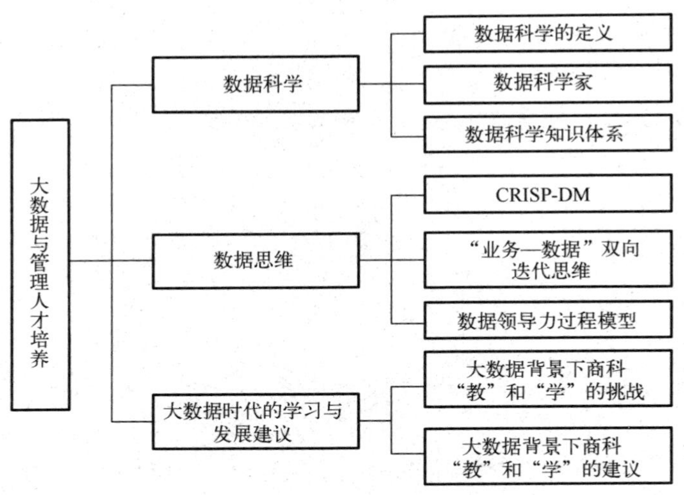

图 7-1　本章内容组织结构

学习目标

目标 1：理解数据科学的内涵与外延。

目标 2：熟悉数据科学知识体系。

目标 3：培养数据思维和数据洞察力。

目标4：明确学习目标与学习计划。

重点1：数据科学知识体系。

重点2：CRISP-DM。

重点3：数据领导力过程模型。

重点4：数据科学学习计划。

本章难点

难点1：专业知识与数据科学知识的融合。

难点2：业务主导的数据思维和数据洞察力。

难点3：数据领导力过程模型。

7.1 数据科学

随着大数据成为公众津津乐道的词汇，对大数据人才的培养逐渐成熟并形成体系。目前，与大数据直接相关的专业有两个，分别是数据科学与大数据技术、大数据管理与应用。数据科学与大数据技术通常设在信息学院、计算机学院或统计学院等，授予工学或理学学位。大数据管理与应用大多设在管理学院、经管学院或商学院，主要授予管理学学位。考虑到本书定位为“导论”，本节将主要分解数据科学的知识体系，为读者呈现一个宏观的总体视角，为引出数据思维做准备。

7.1.1 数据科学的定义

数据科学(Data Science)是一种多学科方法，通过将分析方法、领域专业知识和技术相结合，用于在嘈杂的、结构化的和非结构化的数据中查找、提取和呈现知识、模式和见解，并在广泛的应用领域中应用数据知识。这种方法通常包括可视化、数据挖掘、机器学习、预测分析、统计和文本分析等任务和技能。

数据科学是一门将“现实世界”映射到“数据世界”之后，在数据层次上研究“现实世界”的问题，并根据“数据世界”的分析结果，对“现实世界”进行预测、洞见、解释或决策的新兴科学。从这个角度来看，数据科学的重点是基于数据驱动设计更合适的业务或领域解决方案，这也是数据科学区分于传统计算机专业的核心所在。

数据科学的发展历史可以追溯到 20 世纪 70 年代。纵观数据科学过去大约 50 年的发展历史，有学者将其分为萌芽期(1974—2009 年)、快速发展期(2010—2014 年)和逐步成熟期(2015 年至今)三个阶段(见图 7-2)。

图 7-2　数据科学发展历史

数据科学的萌芽期也是一个探索时期。在这个时期，相关研究与实践主要集中于极少数的计算机科学家和统计学家，他们主要从对未来社会的展望和对传统学科的批判角度，提出了建立数据科学这一新学科的必要性和可行性，探讨了数据科学的基础技术和主要研究话题。例如，早在 1974 年，计算机科学家、图灵奖获得者彼得·诺尔(Peter Naur)在其著作《计算机方法的简明调研》(*Concise Survey of Computer Methods*)中首次提出数据科学的概念。随着计算机技术的发展和大数据时代的到来，数据科学在 21 世纪初迎来了自己的春天。尤其是 Google 等科技巨头公司的入局，使得数据科学在学术界和产业界开始同频共振。

快速发展期是数据科学界定学科边界的时期。这个时期开始探讨数据科学的方法、技术、工具和应用等核心问题，这是数据科学学科知识体系形成的重要阶段。例如，2010 年，德鲁·康威(Drew Conway)提出数据科学维恩图(The Data Science Venn Diagram)，他认为数据科学是数学与统计学知识、领域实务知识、黑客精神与技能的交集，解决了人们对数据科学的跨学科特征的争议。2011 年，数据科学家 D. J. 帕蒂尔(D. J. Patil)出版图书《数据科学团队建设》(*Building Data Science Teams*)，较为系统地讨论了数据科学家的能力要求及如何组建数据科学家团队等问题。2012 年，数据科学的相关思想被应用于奥巴马团队的总统竞选工作，受到业界的广泛关注。2014 年，国际标准化组织(International Organization for Standardization,

ISO)、国际电工委员会(International Electrotechnical Commission，IEC)成立大数据工作组，负责制定大数据标准，包括参考体系结构和术语标准。

数据科学的逐步成熟期是一个应用扩张期。在这个时期，数据科学逐渐从统计学和计算机学科中独立出来，成为一门新的独立学科。2017 年，斯坦福大学大卫·多诺霍(David Donoho)教授发表论文《数据科学的五十年》(*50 Years of Data Science*)，较为系统地回顾了数据科学的发展历程。2018 年，约翰·D.凯莱赫(John D. Kelleher)出版专著《数据科学》(*Data Science*)，介绍了数据科学简史、数据科学与机器学习的关系、数据科学的应用、数据基础结构、数据伦理问题。2020 年，阿夫里姆·布鲁姆(Avrim Blum)出版著作《数据科学基础》(*Foundations of Data Science*)，主要介绍了数据科学的数学和算法基础。此外，人们对数据科学的关注超越了学术研究的范畴，科学研究、产业应用、人才培养、学科建设以及数据产品开发等方面得到了全方位的系统性发展，并开始向不同学科和应用领域渗透。

7.1.2 数据科学家

从事数据科学的人员也被称为数据科学家。2012 年 10 月，《哈佛商业评论》刊登了著名学者达文波特(Davenport)和帕蒂尔(Patil)题为“数据科学家：21 世纪最吸引人的工作”的文章。文章指出，数据科学家是那些既可以处理大规模非结构化数据，又可以从中洞察新知识、新规律、新范式的人；数据科学家能够有效地挖掘数据的价值，是企业不可或缺的员工。从这篇文章开始，数据科学家作为一个专业的工作职位正式进入大众视野，培养数据科学家的专业也在蓬勃发展。

10 年之后，数据科学家依然是吸引人的职业。2022 年 7 月，两位学者再次在《哈佛商业评论》发文“数据科学家还是 21 世纪最吸引人的工作吗？”，再次肯定了数据科学家的重要性。文章指出，数据科学家已经成为被广泛接受的职位，成为组织架构的一部分，且其行业领域已经突破传统的数据公司，广泛出现在银行、保险、零售、医疗等行业，甚至政府部门也开始招募数据科学家。

如何界定数据科学家及其核心技能，是个比较难回答的问题。考虑到数据科学家是新兴的职业，从职业定位和技能提升的角度考虑，可以分层级式地看待数据科学家。

第一类是研究型数据科学家。这些数据科学家可能本身就是一些领域的顶级学者。例如，在物体识别和自动驾驶领域，前 Google Cloud 人工智能团队首席科学家李飞飞博士就是如此：在 2017 年加入 Google 之前，李飞飞博士已经是人工智能领域的领先学者，担任斯坦福大学视觉实验室的负责人。还有小米公司自然语言处理首席科学家王斌博士，加盟小米之前是中国科学院信息工程研究所研究员、博士生

导师、第二研究室信息检索课题组组长，是国内外信息检索和自然语言处理领域的领先学者。这些数据科学家往往是科技巨头企业的领域技术负责人，负责未来方向探索和研究方案的制定，本身具备强大的算法设计能力、建模能力和实际经验。

第二类是执行型数据科学家，是研究型数据科学家方案的执行者。这类数据科学家的功能性定位更强，可以把研究型数据科学家的设计方案变为现实，完成研究技术的工程化并负责后续的迭代更新。这类数据科学家在企业中担任类似于技术总监的角色。例如，完成一般性的工程架构、开发或迭代具体的产品，成为数据工程师；也可能是深入某一行业领域，完成具体领域数据的统计和分析建模，成为应用型领域企业数据部门的负责人。

第三类是分析咨询师（Analytics Advisory/Non-IT Data Scientist/Analytics Consulting）。这类数据科学家充当的角色是咨询师，在数据分析产品与目标客户之间充当桥梁。他们的核心能力不是模型实现和工程代码等编程能力，而是在理解模型和业务问题的基础上，为目标客户推荐解决方案。所以，相比于算法和技术能力，这类数据科学家的模型理解能力和交际能力非常重要。

第四类是数据分析师（Data Analyst），也被称为商业分析师（Business Analyst）或商业智能工程师（Business Intelligence Developer）。他们主要负责数据整理、传输和管理等工作，更加偏向于工程。

7.1.3 数据科学知识体系

数据科学是一门交叉融合学科，涉及领域专业知识、编程技术与工具、数学与统计学知识等（见图 7-3）。考虑到数据科学家的层级划分及不同层级的技能要求，初学者可以合理规划自己的职业定位，制订适合自己的学习计划。对于商科等人文社科类专业的学生来说，涉及数据科学的交叉融合实践，属于“用工具”的范畴。自己所学的专业知识、对专业知识及实践的理解，是构建应用型数据科学知识体系的基础和关键。

7.1.3.1 领域专业知识

随着数据科学进入成熟阶段，将传统数据科学知识与领域专业知识融合是新的发展趋势。一位优秀的数据分析师需要具备一定的行业知识。例如，分析电子商务销售数据时，就必须对销售指标的意义了如指掌；分析银行信用卡客户数据时，就必须对银行的基本业务及业务指标含义有所了解。如果无法理解数据中的业务及相关知识，就无法很好地利用数据，也无法解读数据分析结果的业务含义和改进建议。

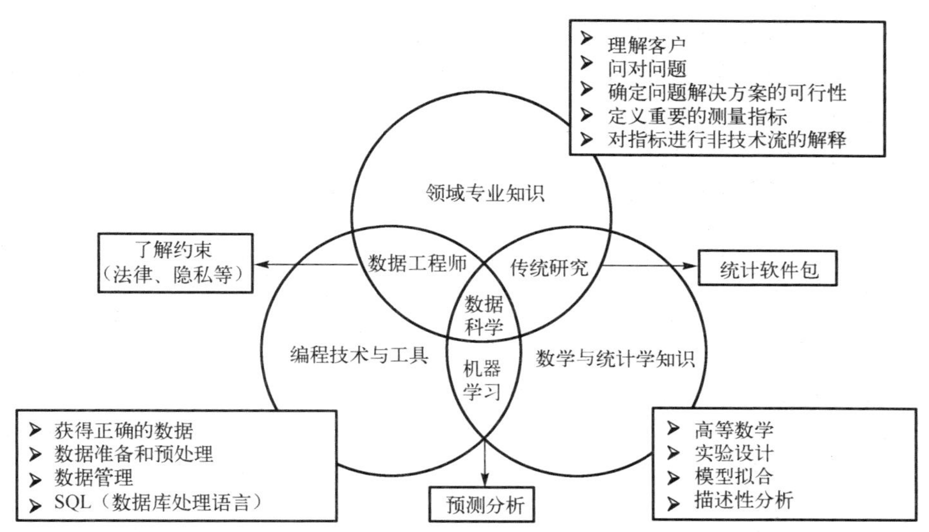

图 7-3　数据科学知识体系

图片来源：朝乐门. 数据科学导论——基于 Python 语言(微课版). 北京：人民邮电出版社，2021.

数据科学在具体领域的应用，实际上是数据分析技术与行业实践逻辑融合的过程。对商科等人文社科类专业的学生来说，掌握本领域专业知识是开展交叉学习和行业实践的基础。对在校商科学生来说，领域专业知识主要包括企业战略、组织与人力资源管理、市场营销、财务与金融以及物流供应链等理论与知识。利用这些理论与知识构建模型、开展数据分析、形成符合商业逻辑的政策与建议，是商科学生开展交叉融合和行业实践的优势所在。

7.1.3.2　编程技术与工具

编程技术与工具在数据科学实践中也至关重要。一位优秀的数据分析师需要具备一定的编程技术或者熟练掌握编程工具。例如，当企业需要获取外部数据进行行业分析时，数据分析师的爬虫技术能力便十分重要；当企业运营遇到某个难以解决的业务问题时，数据分析师应该具备将业务问题转变为技术和程序解决方案的能力；在面对海量行业数据、客户数据时，数据分析师能够运用技术和编程能力对数据进行管理、分析和可视化等操作，方便后续的报告输出。若缺乏编程与技术能力，人工处理大数据时代的海量数据，将耗费大量的时间成本与人力成本，并且人工数据处理过程较易产生误差，使得结果输出与实际情况偏差较大。

对商科等人文社科类专业的学生来说，需要重点掌握的技术包括数据分析技术和数据可视化技术；条件允许的话，建议学习和掌握数据库管理技术。掌握这些技术有助于学生从数据出发，提出对业务的建议；同时也能从业务问题出发，找到基

于数据的问题解决方案，对项目方案进行优化。不过，编程技术内容多样化且更新迭代速度较快，数据分析师需要不断地学习和实践，才能更好地掌握这些技术和不断进行自我迭代。

7.1.3.3 数学与统计学知识

数学与统计学是数据科学算法的基础。一位优秀的数据分析师需要掌握扎实的数学与统计学知识，尤其是常见的数据分析算法。与作为公共课的“线性代数”“概率论与数理统计”等基础课程相比，数据科学领域的数学与统计学知识存在着很大的不同，主要体现在学习范围与方法方面。例如，前者关注具体的原理和推导过程，专业性较强；后者则侧重于已有数学与统计学知识在算法设计和业务问题解决中的应用，而非这些知识的原理和推导过程。

对商科等人文社科类专业的学生来说，需要克服对数学的畏难情绪。实际上，掌握数据科学领域的相关知识并不难。首先，由于数据分析工具的成熟，很多情形下的数据分析工作可直接利用现成的可视化工具或调用“程序包”，大大降低了入门的难度。其次，只要把握住数据科学领域数学与统计学知识的关注点即可。以描述性统计为例，主要利用数据计算得到的图形或表格等对数据进行总体描述，从而实现对数据的整合，为后续算法和模型构建的参数选择提供参考。上述工作与“概率论与数理统计”基础课程的关注点存在极大的不同。考虑到本书的定位是“导论”，此处不再介绍更多的专业知识，感兴趣的读者可以开展更多的自主学习。

7.2 数据思维

数据思维是根据数据来量化思考事物的一种思维模式，即一种挖掘、建立和利用企业等组织数据潜力的系统化方法，最终的结果是提供基于数据的策略和建议。具体到商业场景中，数据思维是一种遇到业务问题时，思考能否转化为数据问题和技术问题，并利用业务知识、数据建模与分析方法来解决实际问题的意识。其中，“量化分析”只是思考和处理的过程，基于数据思考和分析而形成的定性描述、业务结论和政策建议才是数据思维的真正价值。对商科等人文社科类专业的学生来说，切勿使用数据分析过程代替思考。

为了方便学习，本节以层次化的形式分解数据思维。首先介绍 CRISP-DM，这是商业数据分析的标准过程，是数据思维的起源。其次，介绍“业务一数据”双向迭代思维，介绍行业性数据思维的核心，引导读者重视业务视角下的数据分析。最后，介绍数据领导力过程模型，分解企业数据价值的实现过程，为读者提供一个发

掘数据价值的过程模型。本节通过对上述内容的介绍，为大数据时代的数据思维培养提供启示。

7.2.1 CRISP-DM

CRISP-DM（Cross-Industry Standard Process for Data Mining，跨行业标准数据挖掘流程）是由一个行业性特别小组提出的，小组成员包括欧洲委员会及数据仓库供货商 NCR、德国汽车航天公司 Daimler-Chrysler、统计分析软件供货商 SPSS、荷兰银行保险业者 OHRA 等几家在数据挖掘应用上有经验的公司。目前使用的 CRISP-DM 模型为该小组于 2000 年提出的跨行业标准数据挖掘流程。2009 年，IBM 收购了 SPSS，在商务智能等领域进行了系统规划，形成了著名的 IBM SPSS 系列软件；借助 IBM 强大的战略咨询能力和影响力，助推 CRISP-DM 成为全世界最经典、最流行的数据挖掘实践范式。CRISP-DM 使用六个阶段来描述数据挖掘的全部流程（见图 7-4），可以看作是数据思维的基础。

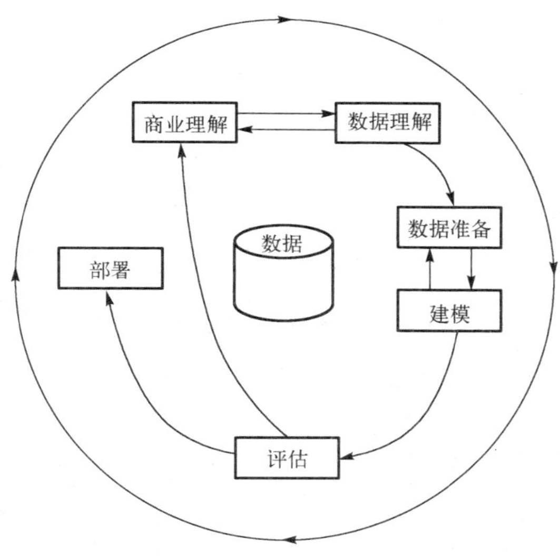

图 7-4　CRISP-DM 的六个阶段

7.2.1.1　商业理解

商业理解是 CRISP-DM 的起点，重点是从商业角度理解项目的要求与目的，明确数据挖掘所要解决的业务问题，并制订初步的计划。这一阶段的主要工作包括确定商业目标、评估环境、确定数据挖掘目标和制订项目计划，各个环节的要点如下。

确定商业目标的任务包括收集有关当前商业状况的背景信息、记录关键决策者决定的具体业务目标，从商业角度确定数据挖掘成功的标准。

评估环境可以通过回答以下问题来完成，如：有什么数据可供分析？是否有完成该项目所需的人员？涉及的最大风险因素是什么？有针对每个风险的应急计划吗？

确定数据挖掘目标是将业务问题转化为数据挖掘问题的过程。例如，“减少客户流失”的业务目标可以通过以下数据挖掘过程实现：根据最近的购买数据，识别高价值客户；利用现有的客户数据建立一个模型，预测每个客户的流失概率；根据流失倾向和客户价值，给每个客户分配一个等级。

制订项目计划包括撰写项目计划、尝试项目计划、评估工具和技术。

7.2.1.2　数据理解

数据理解是 CRISP-DM 的基础环节，重点是明确和收集开发数据解决方案所需要的数据。这一阶段的主要工作包括收集原始数据、描述数据、探索数据和检验数据质量，各个环节的要点如下。

收集原始数据需要确定数据来源。常见的数据来源可以分为现有的数据、购买的数据和额外的数据。现有的数据主要包括内部的交易数据、调查数据、网络日志等；购买的数据包括人口统计数据、特定指数数据等第三方整理好的二手数据；额外的数据通常指的是根据商业需求额外进行调查或跟踪获取的数据。

描述数据的目的是理解数据数量和质量，主要通过三个关键层面实现。一是数据量。商业数据分析存在着准确度与效率之间的权衡。大的数据集可能会产生更准确的模型，不过会延长处理时间，故很多情况下会使用数据子集进行代替，但最终报告需要包括对所有数据集的统计。二是数值类型。数据取值可能采取多种格式，如数字、分类(字符串)或布尔(真/假)，需要注意数值类型并在后续建模过程中避免相关问题。三是编码方案。不同来源的数据可能存在编码一致性问题。例如，一个数据集可能使用 M 和 F 来代表男性和女性，而另一个数据集可能使用数值 0 和 1 来代表男性和女性。在数据理解阶段，需要提前制定编码方案，确保编码的一致性。

探索数据环节可以通过回答以下问题来实现，如：对数据形成了什么样的假设？哪些属性有希望进一步分析？探索是否揭示了数据的新特征？这些探索是如何改变初始假设的？能确定特定的数据子集供以后使用吗？回顾数据挖掘目标，这次探索是否改变了最初的目标？

检验数据质量主要关注以下五类问题。一是缺失数据，包括空白或被编码为非正常数值，如 null、? 或 999。二是数据错误，如输入错误。三是测量错误，包括输入正确但基于不正确测量方案得到的数据。四是编码不一致，通常涉及非标准的测量单位或数值不一致，如对性别同时使用 M 和 male 进行编码。五是元数据不准确，如一个字段的表面含义与字段名称或定义中所描述的含义不匹配。

7.2.1.3　数据准备

数据准备是 CRISP-DM 最耗时的环节，主要是将原始未加工的数据转换、清洗成最终可嵌入建模工具的数据集，主要工作包括选择数据、清洗数据、创建数据、合并数据和格式化数据。本部分内容在第 3 章有详细的介绍，此处简要介绍，不再赘述。

选择数据通常有两种方法：一是对样本(或项目)选择，即对“行”进行分析；二是对特征(或字段、变量)选择，即对“列”进行分析。

清洗数据主要是对缺失数据、错误数据、编码不一致数据和不良元数据进行处理。对缺失数据，可以使用合适的估计值填补空白；对错误数据，可以使用逻辑校验发现错误并替换或加以排除；对编码不一致数据，可以先确定统一的编码方案，然后替换数值；对不良元数据，手动检查可疑的字段并修正为正确含义。

创建数据可以通过两种方式进行：一是构造新变量从而衍生新属性(列)，二是生成新记录(行)。

合并数据有两种基本方法：一是合并两个具有类似记录但不同属性的数据集，即使用相同关键标识符(如客户 ID)合并数据记录，由此产生的数据在列或特征字段上有所增加；二是附加数据，即整合两个或多个具有类似属性但不同记录的数据集，由此产生的数据在行或记录上有所增加。

格式化数据的目的是为后续使用模型做准备，即后续模型是否需要特定格式的数据或对数据顺序是否有要求。

7.2.1.4　建模

建模阶段需要选择、使用可能的建模技术对参数进行不断的调整和优化，主要工作包括选择建模技术、设计测试方案、构建模型和评估模型。因为不同的技术对于数据形式有特殊的规定，建模时常常需要重新返回数据准备阶段。各个环节的要点如下。

选择建模技术通常会考虑以下因素：可供挖掘的数据类型、数据挖掘目标、具体建模要求，如模型是否需要特定大小(或某个类型)的数据、是否需要容易展示结果的模型。

设计测试方案需要考虑两个部分：一是描述模型“好”的标准；二是界定测试这些标准所需要的数据。

构建模型需要考虑三个方面的因素：一是参数设置，包括对产生最佳效果的参数所做的记录；二是所产生的实际模型；三是对模型结果的描述，包括执行模型和探索结果时发生的性能和数据问题。

评估模型是利用评估图、分析节点或交叉验证图评估模型结果。根据对业务问题的理解，对结果进行审查，考虑模型是否可进行实际部署；分析结果对成功标准的影响，以及结果是否符合业务理解阶段建立的目标。

7.2.1.5 评估

评估指的是更加全面地评估备选模型、检查建立模型的步骤，确保模型项目能够达到预定的商业目标，判断是否存在某些重要的商业问题未被考虑。这一阶段的主要工作包括评估结果、重审过程和确定下一步工作，各个环节的要点如下。

评估结果的重点是，检查记录数据挖掘的结果是否符合商业成功的评估标准。评估报告中应该考虑以下问题：结果陈述是否清楚？是否有特别新颖或独特的发现应予以强调？能否按照对商业目标的适用性对模型和发现进行排序？这些结果对组织业务目标的回答如何？结果提出了哪些额外的问题？如何用商业术语来表述这些问题？

重审过程的要点是，总结每个阶段的活动和决定，包括数据准备步骤、模型建立等。然后针对每个阶段，考虑以下问题：这个阶段是否对最终结果的价值有所贡献？是否有办法精简或改进这个特定的阶段或操作？在这个阶段是否有任何意外(包括好的和坏的)？是否有方法预测此类事件的发生？若是负面的意外，下次如何避免？在某一阶段，是否有其他的决定或策略可以使用？

确定下一步工作通常有两种选择：一是继续进入部署阶段，把模型结果纳入业务流程，并制作一份最终报告；二是重新完善或替换模型，即如果结果不是很理想，那么可以考虑再做一轮建模，试着去改进和完善模型，从而产生更好的结果。

7.2.1.6 部署

部署的要点是持续跟进项目，记录项目实施过程与效果，形成项目总结，主要工作包括实施计划、监督和维护计划、产出最终报告和项目回顾等。

实施计划的要点有六项：一是总结结果(如模型和发现)，从而确定哪些模型可以集成到数据库系统中、哪些发现应该提交给组织中的同事；二是为每个可部署的模型创建一个分步骤的计划，包含需要注意的可能技术细节；三是为每个结论性发现创建一个计划，并将这一信息传播给战略决策者；四是思考是否存在替代性部署计划；五是如何监控部署的实施情况，例如，如何确定该模型何时不再适用；六是识别任何可能的部署问题并设计应急措施。

监督和维护计划主要是考虑每个模型或发现需要跟踪的影响因素，如市场价值或季节性变化。监督和维护计划的要点有以下五项：一是确定衡量和监测每个模型

有效性和准确性的方法；二是确定某个模型已经不再适用的具体标准及其影响；三是是否能简单地用较新的数据重建模型或进行轻微调整；四是一旦过期，该模型是否能用于类似的业务问题；五是确保将以上问题纳入最终报告中。

产出最终报告需要考虑报告的受众对象，如受众对象是技术人员还是以市场为重点的管理人员。通常情况下，技术人员与管理人员的需要不一样，需要不同的报告。不过，无论哪种情况，报告应该包括以下大部分内容：一是对原始商业问题的详细描述；二是进行数据挖掘的过程；三是项目的成本；四是对原始项目计划任何偏差的说明；五是对数据挖掘结果的总结，包括模型和结论；六是对拟部署计划的概述；七是对进一步数据挖掘工作的建议，包括在探索和建模期间发现的有趣线索等。

项目回顾的要点是对与数据挖掘过程相关的人员进行访谈。在访谈中需要考虑以下要点：对项目的总体印象；过程中的收获；项目的实施情况，如哪些部分进展顺利、哪里出现了困难、是否有能帮助缓解混乱的信息；在数据挖掘结果部署完毕后还可以采访那些受结果影响的人(如客户或业务伙伴)，从而确定项目的实施效果。

7.2.2 “业务—数据”双向迭代思维

随着 Web 2.0 和大数据时代的到来，电子商务、社交媒体等互联网应用产生的海量数据得到了进一步的深度挖掘和应用。“一切业务数据化，一切数据业务化”的双向迭代思维不仅在互联网公司得到了认同，也逐渐在全社会推广。这种“业务—数据”双向迭代思维与 CRISP-DM 有着异曲同工之处，即商业数据分析的核心与精髓是业务导向的数据挖掘工作，全部流程应该始于业务问题，终于业务方案。

7.2.2.1 业务数据化

业务数据化是指将业务过程中产生的各种痕迹或原始信息记录并转变为数据的过程，本质上是用数据表现和解读业务。业务数据化并非新鲜的实践，实际上早在信息化实践起步之初，企业就在开展业务的数据化工作。例如，早期的财务电算化系统、办公自动化系统、客户关系管理系统及企业资源计划系统，这些信息系统都是业务数据化的具体实践。不过，由于传统行业的许多业务是在线下展开的，业务的数据化难度较大。随着企业内联网、互联网、移动互联网及数据存储技术的发展及应用，对数据的记录更加便捷、高效，业务数据化迎来了高速发展时代。

具体来说，业务过程能生产出数据，把这些数据沉淀和收集起来，通过表单和信息流转的方式进行存储，做到这些只能算是完成了简单的数字化，还处于信息化的阶段，没有达到数据化。信息化侧重业务信息的收集与管理，是将企业在生产经营过程中所发生的业务信息进行记录、存储和管理，用来了解一切业务的动态信息，让企业资源合理配置。数据化则侧重结果，是将数字化的信息条理化、结构化，通过智能分析、多维分析、查询、回溯等，为决策提供有力的数据支撑。

业务数据化需要经过简单数字化和流程数据化两个步骤（见图 7-5）。一般来说，简单数字化是 IT 时代早期信息化所做的事情，只是把业务过程中产生的数据沉淀、收集起来，并通过表单或信息流转的方式进行存储。而流程数据化则是 DT（Data Technology）时代数字化转型所做的事情，是将数据以指标化的形式有条理、有结构地组织起来，便于查询、回溯、预测和分析等，再应用于业务流程的各个环节。信息化是数据化的初级阶段，能够提升效率、沉淀数据，为数据化输入必要的数据，进而奠定数据基础。数据化则倒逼 IT 系统进行优化和完善，通过对信息化阶段的数据进行集成、连通和分析来洞察业务，优化运营，支撑决策。

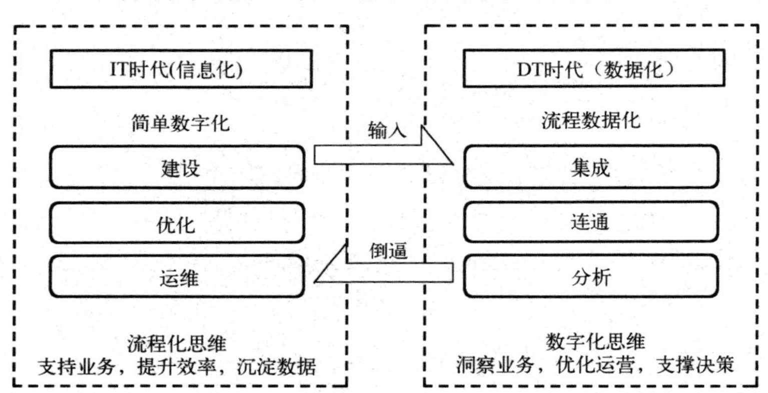

图 7-5　业务数据化的概念模型

以餐饮行业为例，传统的餐饮服务多是手工点单、现金结算，餐厅账目全在经理或者老板脑海中，客户就餐喜好、人数、客源及菜品分布靠着经理或老板的记忆和经验判断。这种方式适合传统的小规模作业，在餐厅规模扩大尤其是连锁化经营之后，会显得捉襟见肘。在餐饮行业推广数字化之后，顾客可以通过微信等下单和结算，每项消费及明细都可以在系统中形成数据记录，节省了大量的人力，也提升了服务效率——这一阶段属于典型的简单数字化阶段。基于前期积累的数据和数据分析，餐厅可以清楚地知道不同餐品的销量及受欢迎程度、每天新老顾客的分布情况、顾客来源渠道、淡旺季及天气等对餐厅经营的影响等，从而帮助餐厅改进业务、优化运营、提升效益。

7.2.2.2　数据业务化

数据业务化是指通过对系统中沉淀的数据进行二次加工，利用统计技术、数据挖掘技术找出数据中隐藏的业务知识、规律或模式，并使用这些业务知识、规律或模式指导业务发展，从而释放数据价值，完成“业务—数据”之间的双向循环。随着 DT 时代的到来，各行各业都在尝试发掘自身的数据潜力与价值，数据业务化的成功例子不断涌现。

以电子科技大学贫困生资助为例，该校通过“智慧助困”系统采集到了涵盖学生家庭经济及成员信息、学生本人及受资助信息等 4 大类、40 余个小类的上千万条数据，并通过学生在校内的消费数据(如食堂饭卡消费、超市消费、健身馆购物、乘坐校际班车、水卡消费等)分析学生的消费水平，同时结合学生的勤工助学、获奖学金情况、社交特征、行为轨迹、借阅兴趣、历史特征等多个维度进行综合分析挖掘。加上线下个别访谈、辅导员评价共同得出了家庭经济特别困难学生名单，为其发放隐形补助。这种积极利用数据与技术并结合人工判断，摒弃让贫困生“当众比穷”“自揭伤疤”的评定模式，在妥善保护贫困生隐私和尊严的同时，降低了他们不必要的精神压力，也创新了高校贫困生识别和资助工作的模式。

7.2.3　数据领导力过程模型

数据思维是将数据、算法、技术和创造价值思维全面整合到企业的关键，它在企业战略、业务创新及信息技术部门之间架起了桥梁。对很多企业来说，尽管已经意识到数据的价值，甚至已经部署了大数据硬件集群、建立了自己的实验室、开始了部分会议或培训课程、招募了自己的数据科学家，但这些依然只是考虑了“数据、算法、技术”等基础因素。仅仅依靠这些基础因素，还远远不足以将大数据、数据分析甚至数据本身集成到企业既定的业务领域和流程中，企业还需要考虑外部环境、内部组织与文化、业务运营模式和流程等其他因素。

本节在 CRISP-DM 及“业务—数据”双向迭代思维(业务层面)的基础上，提供一个企业实现数据驱动价值的过程模型，即所谓的数据领导力过程模型。该模型将企业数字化发展和数据价值发掘划分为三个阶段(见图 7-6)：(1)数据思维，该阶段关注如何建立基本的数据思维和学习系统；(2)数据解决方案，该阶段关注围绕特定项目、任务或流程形成数据解决方案；(3)数字化企业，该阶段关注企业数字化转型的目标，即在数据思维的引导下，通过积累的数据解决方案，逐步建立数字化企业。

数据思维是所有数字化发展的起点，即在特定数据项目开始之前，新的思维和行为方式就已经存在。内部方面，企业必须考虑和理解数据、算法、新技术以及数

据思维在未来业务中发挥什么作用。在这个过程中，企业必须对新想法、新途径和新方法保持开放态度。企业也需要积极部署“传感器”去探测外部因素，如社会和技术变革、未来趋势和潜在衰退、社区和新创企业、业务挑战和客户预期等，并将这些因素内化为企业业务过程和知识的一部分。

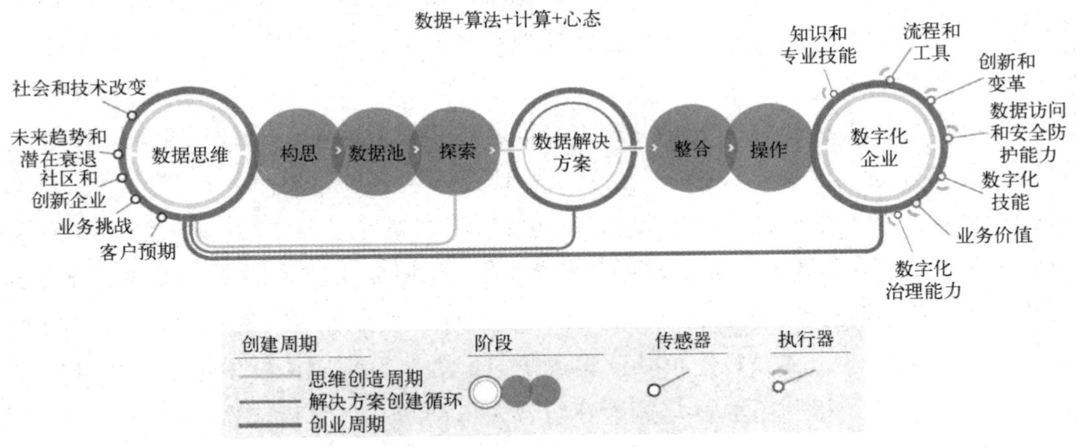

图 7-6　数据领导力过程模型

数据思维之后的中间阶段是数据解决方案，即面向实际问题的应用程序和实施方案。从数据思维到形成数据解决方案会经历三个阶段：(1)构思，即问题和用例定义；(2)数据池，即数据记录和整合；(3)探索，即数据评估和应用开发。这个过程属于开发周期的初始阶段，会验证数据解决方案是否有效，从而决定是否对方案进行再次迭代还是应用到真实的产品和项目中。这个阶段的目的是确定业务解决方案能否产生特定的价值。

从数据解决方案到数字化企业，数据思维依然为模型提供框架。这个过程是流程整合和实现的阶段，包括整合和操作两个阶段。在此过程中，企业开始在执行单元的指导下，整合组织内部的资源、流程和(或)工具；这一过程并非线性执行，可能需要反复迭代才能成功实施。每个成功的数据解决方案都可以为企业构建新的模块，带来新的知识和专业技能，形成新的流程和工具，推动业务创新和变革，提高数据访问和完全防护能力，提升员工的数字化技能，产生新的业务价值，同时提高企业的数字化治理能力。而通过不同数据解决方案的不断积累，最终实现企业的数字化转型，成功构建数字化企业。

总之，数据思维是使用数据来提出问题和解决问题的能力。在数据为王的时代下，数据思维是一种必备的素养。对个人来说，越来越多的企业会在招聘时要求员工具有敏锐的数据思维和数据洞察力。对企业来说，数据思维是企业数字化转型的起点，关系到企业基于数据的价值创造力。

7.3 大数据时代的学习与发展建议

大数据、人工智能、云计算、5G和物联网等新技术正在不断重塑经济社会和高等教育的形态，加快了知识和技能的淘汰与更新，引发了知识获取方式和传授方式、教学关系的深刻变革。考虑到“教”“学”是不可分割的活动和过程，大数据背景下的商科教育挑战既是对高校与教师的挑战，也是对学生的挑战。本节将首先介绍大数据背景下的商科“教”“学”挑战，然后给出几点建议。

7.3.1 大数据背景下商科“教”和“学”的挑战

一是新技术应用带来的挑战。随着信息技术应用的深入，产业和经济环境发生了巨变。新经济、新商业模式等的出现，使得商科人才的需求及教育出现了新变化。例如，随着人工智能、“互联网+”及大数据的发展与应用，传统会计岗位的相关工作(如财务报表制作、企业财务数据分析、数据整理等)已经逐渐被数字和智能技术替代。这些技术冲击的直观表现是传统核算型会计岗位正在快速减少，而财务大数据决策分析、财务共享服务、财务机器人等相关领域的岗位显著增加。不仅仅是会计领域，企业内的其他职能和业务活动也在变化，如物流管理正在向智慧物流发展，传统会展正走向数字化、智能化布展，传统的营销方式、广告传播方式、销售渠道等都在向数字营销过渡，而网络组织、自组织及远程办公等新型组织形式的出现，对人力资源管理提出了挑战。这些新变化使得传统商科专业人才的培养面临着新的挑战。

二是新实践带来的挑战。与快速发展的商业新实践相比，商科教育的内容存在严重的滞后性，两者之间存在着鸿沟。目前商科教育所使用的教材，主要理论基本都来自工业化时代的理论与探索，近二三十年来并没有太大变化。随着信息化、数字化时代的到来，企业开始实施各类管理信息系统，构建平台模式，甚至开始智能化转型。新商业组织、新基础设施、新商业模式和新的价值观正以“去中心化”的模式构建起新的社会经济生活，产生了新的商业规律和商业文明，这些新实践对传统的管理理论教育产生了极大的挑战。

三是新需求带来的挑战。由于技术、环境等的快速变化，当今社会呈现出易变性(Volatility)、不确定性(Uncertainty)、复杂性(Complexity)和模糊性(Ambiguity)等特征(称为VUCA时代)，VUCA时代的到来，使社会需求正在发生深刻变化。仅仅懂管理、懂业务的传统专门人才已经无法满足企业需求，新时代需要的是创新型、复合型人才。在VUCA时代，对人才的要求不是单纯地让学生记住多少知识或概念，

而是让学生深刻认识新商业环境的特点、本质及要求，并能善于思考、自主学习、广泛学习、主动适应新环境。

四是新模式带来的挑战。目前主流的商科教学模式主要由理论教材+多媒体+案例教学+校内学习构成，这种模式在场景构建、使用方式以及实践方式等方面都与企业实践存在较大差距。随着智慧教室、在线虚拟课堂、实验室虚拟仿真、元宇宙技术等实践的出现，如何利用这些新兴的教学模式改造传统的商科培养模式成为新兴的挑战。此外，一些企业开始在内部实施高等教育计划，培养具有时代性、针对性、实效性的商业人才。这些教育计划改变了传统商学院重学历和知识、与市场脱节的弊端，能够有效培养学生发现、分析及解决商业问题的能力，对传统商科人才培养及商科教育模式产生了重大影响。

五是新使命带来的挑战。党和国家高度重视数字经济的发展，出台了系列性创新驱动发展战略和计划。“互联网+”行动计划、“一带一路”倡议、东数西算、乡村振兴计划、“十四五”数字经济发展规划等，为商科教育带来了发展机遇，但也对商科教育提出了挑战。例如，数字经济在创造新商机时，也诱发了大数据杀熟、消费者隐私泄露等大量“见利忘义”商业伦理事件。坚持立德树人，培养恪守商业伦理、敢于责任担当、追求可持续发展的复合型管理人才成为新商科教育的首要任务。

7.3.2 大数据背景下商科“教”和“学”的建议

随着人工智能和大数据对商科影响的深入，“新商科”建设呼之欲出。“新商科”是在新文科理念下开展经济与管理类教育的新概念，即在现有商科发展的基础上，对传统商科进行学科重组交叉，将新技术融入商科课程，用新理念、新模式和新方法为学生提供综合性跨学科教育，创新商科人才的培养模式。时代在变化，社会对人才的需求也在变化。下面分别从知识体系、学习模式及学习环境三个方面，对大数据背景下的商科“教”“学”提出几点建议，希望能够为商科教师教学及商科学生成才提供助力。

一是构建“商科专业知识+大数据技术与工具”的融合型知识体系。从课程设置的角度来看，“新商科”并非是放弃商科原有的知识体系，也不是简单地混搭大数据技术等相关知识，而是在传统商科基础知识的基础上，融合商务智能、大数据分析技术与工具、Python 编程语言等课程，开设适合商科学生特点的课程，引导学生构建融合型的知识体系。对学生来讲，本科阶段的学习具有“厚基础、宽口径”的特点，课程体系可能会显得“松散”“凌乱”，这就要求教师与学生加强沟通、相互协作，打破不同课程之间的边界与壁垒，构建融合型知识体系。

具体实践方面，“课程模块”“微专业”等是融合型知识体系的典型代表。“课程模块”指的是，在传统专业课程的基础上，设置需要融合的交叉课程。以汕头大学商学院 2022 级工商管理(大数据与商务智能方向)专业为例，除了教育部工商管理教学指导委员会建议的核心课程外，还设置了数据思维与数据科学、管理信息系统、商务分析与决策、商业文本数据挖掘、商务智能与可视化分析等课程。“微专业”则是近几年来的新兴实践，北京大学、山东大学、中国传媒大学等高校已经开始实施，旨在进一步丰富培养模式和学生的知识体系。从学习的角度来看，学生可以主动查阅与自己所学专业相关的交叉课程或微专业设置，理解并构建自己的学习范围和知识体系。

二是形成“理论学习+项目竞赛+企业实习”相结合的混合学习模式。从学习模式的角度来看，移动互联网及智能手机等信息技术的普及，大大丰富了学生获取各类信息的方式，扩展了远程参加项目竞赛和企业实习的途径。一方面，学校、教师和企业可以相互协作，在传统理论学习的基础上，为学生提供更多参加科研项目、专业竞赛和企业实习的机会，丰富学生检验和应用所学知识及技能的场景；另一方面，学生也应该积极参与这些活动，充实自己的课内外生活。

具体实践方面，本书分享汕头大学商学院的部分实践经验以供探讨。以工商管理(大数据与商务智能方向)专业为例，学院收集和提供了国内主要竞赛的信息，如全国大学生市场调查与分析大赛、“泰迪杯”数据挖掘挑战赛等；制定了竞赛支持方案，鼓励老师和学生参加相关比赛。此外，还与多个专业数据分析公司合作，开展实地实习或远程线上实习，为学生提供多元化的实习方式。从学习的角度来看，学生可以主动查阅与自己所学专业相关的竞赛或实习机会，积极利用学校和其他可能的渠道参与专业实习。

三是营造“混合课堂+教/研实验室+企业工作室”相结合的学习环境。从学习环境的角度来看，随着移动互联网及智能手机等信息技术的普及，学生们进入了富媒体时代。传统课堂的理论授课受到极大挑战，需要创新学习环境，吸引年轻一代的注意力回到学习。设计和引入翻转课堂、引入游戏化设计等，打破传统单纯的理论授课，适应年轻一代的生活和学习方式。改造和升级以计算机设备为主的传统实验室，建设更先进和开放的智慧教室，尊重年轻一代追求自由的想法和需求。与企业合作在学校开设工作室，在理论与实践之间架设桥梁，满足年轻一代对实践的多样化需求。

具体实践方面，本书分享汕头大学商学院的部分实践经验以供探讨。除了开设大数据导论、电子商务等线上线下混合课程，汕头大学商学院还建设和获批了广东省实验教学示范中心，为学生提供专业课程的上机实验与实践。依托和利用学院的

广东省普通高校人文社会科学重点研究基地“粤台企业合作研究院”、“粤东数字管理与智慧治理”广东省高校重点实验室以及汕头大学商学院大数据研究与应用中心，在为学生提供教学资源的同时，吸引他们积极参加各类科研项目。此外，还与广东泰迪智能科技股份有限公司合作成立“泰迪·汕大商业大数据智能工作室”，为学生提供“科教”“产教”等融合实战项目训练。从学习的角度来看，学生可以主动与自己所学专业或感兴趣专业的老师联系，积极利用学校和其他资源来提升自己的技能。

课后习题

1．请简述数据科学的含义。

2．请简述数据科学知识体系涉及的知识类型。

3．请简述 CRISP-DM 的阶段及每个阶段的要点。

4．请简述“业务数据化，数据业务化”的含义。

5．请简述数据领导力过程模型及每个阶段的核心要点。

课后案例

新文科背景下的交叉复合人才培养

2015 年 8 月 31 日，国务院颁布《促进大数据发展行动纲要》，大数据正式上升为国家发展战略。2016 年 12 月，工业和信息化部印发《大数据产业发展规划(2016—2020 年)》，掀起了大数据产业建设的浪潮。伴随着大数据在行业应用的逐步深入，大数据人才供不应求逐渐成为各行各业面临的一大困境。

为落实国家发展战略，应对市场对大数据人才的需求，教育部加大了专业供给侧改革。自 2016 年起，教育部陆续批准多所本科院校建立“数据科学与大数据技术”“大数据管理与应用”等大数据相关专业；同时，积极深入推进“新工科”“新文科”建设，实施卓越工程师教育培养计划 2.0，大力实施产学合作协同育人项目，多措并举，推动高校教学改革、提升人才培养质量，为大数据、人工智能战略落地提供强大的人才保障。

从我国大数据人才的专业来源来看，除了数理类及计算机类等基础性专业外，商科类等应用型专业人才也开始增多，但比例依然偏低。对商科类学生来说，要想在激烈的竞争中立于不败之地，除了掌握经管类知识，不断培养领导力、谈判力、创新能力等软技能，还需要打好计算机基础并提升数据分析能力。这些技能的基础知识主要体现在统计和编程两方面。具体来说，学好统计可以帮助我们更直观地认

识数据、分析变化、预测趋势、指导下一步决策；掌握编程知识则可以自行开发实用的辅助工具，减轻工作量，也可以进行一些便捷的数据统计工作。

大数据技术在日常生活中的应用已经达到前所未有的高度，数据科学时代已经来临。如何将新技术、新思维及新方法与传统专业培养模式融合，塑造复合交叉型人才是一项长期工程。当代大学生应该关注这些趋势，将个人兴趣爱好与时代发展相结合，充分调动个人主观能动性，积极应对大数据带来的新机遇和新挑战，为适应未来的社会竞争和就业市场需求而努力。

阅读上述材料，请回答下列问题。

1. 请查阅网络平台的招聘信息，收集与自己所学专业相关的岗位及技能要求。

2. 请查阅其他学校的培养方案，收集专业培养目标、课程体系及改革趋势。

3. 请结合自己所学专业，思考未来的职业规划和个人发展计划。

第 8 章

大数据与商业伦理

课前导读

本章主要阐述大数据安全问题、数据安全和商业伦理保护，重点从技术、管理和业务角度解释大数据存在的安全问题，并从立法监督、科技克制和文化促进角度分析如何实现数据安全和商业伦理保护。本章内容组织结构如图 8-1 所示。

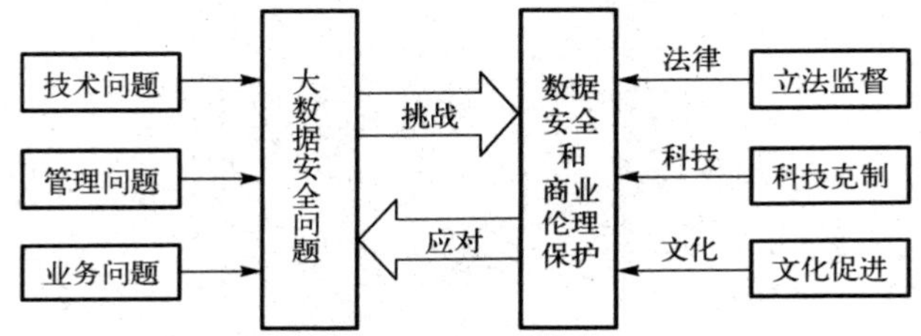

图 8-1　本章内容组织结构

学习目标

目标 1：理解大数据安全问题产生的原因。

目标 2：熟悉大数据安全保护措施。

本章重点

重点 1：大数据安全问题。

重点 2：商业伦理保护。

本章难点

难点 1：追求企业利润与恪守商业伦理之间的矛盾。

8.1　大数据安全问题

商业伦理是一门关于商业与伦理学的交叉学科，是商业与社会关系的基础。商业伦理的研究对象是商业活动中人与人的伦理关系及其规律，重点关注商业主体应该遵守的商业行为原则和规范、应当树立的优良商业精神等商业道德问题，目的是既促进商业和商业主体充满生机，又有利于建立人类全面和谐发展的商业伦理秩序。大数据的出现，给传统的商业伦理研究带来了一系列新问题与新挑战。

大数据的数据整合与分析能力使得原本看起来不相关的分散数据变得“神奇”，涌现出了许多新知识、新模式与新洞察。不过，大数据是把双刃剑，除了重视其在国家战略、社会治理和商业策略方面的决策支撑能力，还需要对大数据安全问题保持高度关注。大数据安全是涉及技术、法律、监管、社会治理等领域的综合问题，其影响范围涵盖国家安全、产业安全和个人合法权益。本节将从技术、管理和业务三个角度，分别介绍大数据安全存在的问题。

8.1.1　技术问题

黑客技术指的是，使用网络的非正常用户利用网络系统的安全缺陷进行数据窃取、伪造或破坏时所使用的相关技术，涉及计算机通信、密码学、社会心理学等众多领域的技术和理论。也就是说，黑客技术包含了对计算机系统和网络的缺陷和漏洞的发现，以及针对这些缺陷实施攻击的技术。其中的缺陷，包括软件缺陷、硬件缺陷、网络协议缺陷、管理缺陷和人为失误等，下面详细介绍软件缺陷、硬件缺陷、网络协议缺陷三个技术问题。

8.1.1.1　软件缺陷

软件缺陷(系统漏洞)是最重要的安全问题之一。随着技术的进步和国际局势的变化，网络空间的攻防对抗也愈演愈烈。近年来，国内外不断有组织受到匿名黑客的攻击。例如，2021 年 5 月 7 日，美国主要燃油、燃气管道运营商科洛尼尔管道运输公司因为受到黑客网络攻击而被迫关闭主要管道；由于管道承载着美国东海岸45%的燃料供应，该事件导致美国东南部加油站前由于配送问题和恐慌性抢购排起了长队，民众疯狂地抢购和囤积汽油，耗尽了数千个加油站的存油。无独有偶，2022 年 6 月，西北工业大学电子邮件系统受到境外网络攻击，引发了社会舆论关注；在此次网络攻击事件中，来自境外的黑客组织和不法分子向该校师生发送包含木马程序的钓鱼邮件，企图窃取相关师生邮件数据和公民个人信息，给学校正常工作和生

活秩序造成重大风险隐患。这些事件说明了网络安全的严重性。实际上，软件作为网络空间信息交互与传播的载体，提供各项关键的基础服务，但随着软件架构的复杂性不断提高，更多深层次的缺陷难以在第一时间发现，为网络安全带来了潜在的隐患。

系统漏洞是客观存在的，很难做到完全避免。绝大多数系统漏洞都不是程序员故意留下的，而是因为技术或方案等方面的疏漏造成的。面对日益严峻的软件安全威胁，国内外相关研究单位均加大了在系统漏洞分析和修补方面的投入。系统漏洞主要通过"打补丁"或"升级"的方式修补。传统的漏洞修补过程主要依靠安全从业人员的专业知识及经验，通过代码审计等方式，对软件中潜在的安全漏洞进行挖掘、测试，并提出相应的解决方案。这种人工漏洞分析与修补技术存在以下几个方面的问题。

首先，系统漏洞的可复现性难度大。通过调查目前互联网存在的各个漏洞库可以发现，不少漏洞信息存在描述不准确、信息不完整的问题，这些问题会占用技术人员大量的时间，最终导致漏洞修复困难重重，甚至还会出现因为漏洞的复现失败导致研究人员判断错误。其次，在漏洞复现成功后，技术人员往往还需要对漏洞的可利用性进行判断，需要技术人员花费大量的精力去理解二进制程序、掌握程序源代码的运行过程。漏洞的发现和解决过程是一个非常复杂的过程，是威胁大数据安全的重要风险因素之一。

8.1.1.2 硬件缺陷

硬件缺陷是黑客攻击的重要方向之一。随着大数据、物联网及边缘计算等万物互联时代的到来，与硬件相关的技术攻击会越来越普遍，是需要重点关注的领域。许多行业组织都发现并披露了物联网设备漏洞，并提醒物联网设备将成为黑客的主要攻击目标，任何生产或使用这些设备的组织都需要做好准备。实际上，针对硬件，尤其是物联网硬件设备的攻击已经大量存在，各类报道屡见不鲜。

2017 年，美国有线电视新闻网报道，美国食品药品监督管理局(Food and Drug Administration，FDA)确认 St. Jude Medical 的植入式心脏设备存在漏洞，可能给黑客非法访问提供了机会。FDA 表示，黑客一旦进入，可能会耗尽电池电量或管理不正确的起搏或电击。这些设备，如起搏器和除颤器，用于监测和控制患者的心脏功能并预防心脏病发作。该漏洞发生在读取设备数据并与医生远程共享的发射器中，黑客可以通过访问其发射器来控制设备。

2019 年，酒店"摄像头偷拍"成为国内影响最大的物联网安全事件。无论是单体民宿还是连锁酒店都不能幸免。不法分子在掌握了公共网络的摄像头 IP 地址后，寻找摄像头本身的安全体系漏洞，或者利用第三方程序代码，不断主动批量扫描、测试打开摄像头，实现控制摄像头、录制视频和敲诈勒索等目的。

2020 年，某商家智能摄像头被曝存在严重隐私安全漏洞。2020 年 1 月上旬，一位该商家智能摄像头的用户发现，当自己的视频内容传输到谷歌智能设备 Google Nest Hub 上时，发现了许多从其他人家中获取的静止图像。这些图像包括人们睡觉的静止画面，甚至还有摇篮里的婴儿。谷歌在尝试解决该问题的同时，完全禁用了小米米家智能摄像头对谷歌家居设备和智能助手 Google Assistant 的集成功能。事后，小米米家很快解决了相关缺陷。

任何事物都有两面性，当我们探索物联网产业的发展机遇时，其背后的安全问题也不容忽视。因物联网设备自身漏洞被黑客攻击导致信息泄露或无法正常运行的事件依然频发，物联网安全形势依然严峻，其安全防护体系建设仍然任重道远。

8.1.1.3　网络协议缺陷

在大数据环境下，网络信息的开放性和共享性越来越高。通过互联网使用社交媒体或网络冲浪时，用户的各种行为都会以浏览记录的形式被记录下来；换句话说，不同网站上的用户数据记录构成了该用户的生活轨迹。此外，通过无线技术连接不同设备时，设备之间的通信和数据传输是大数据的一项重要来源。由于目前计算机网络采用 TCP/IP 协议，数据传输的安全性较低。非法用户利用网络传输攻击合法用户计算机的事情时有发生，使得企业、用户的信息和数据安全成为严重问题。

虽然大规模非法攻击很少发生，但依然客观存在。例如，2017 年 5 月，全球 90 多个国家暴发“勒索病毒”攻击，中国校园网也成为灾区，包括清华大学、北京大学、上海交通大学、山东大学等众多院校出现病毒感染情况，大量学生毕业论文等重要资料被病毒加密，只有支付赎金才能恢复。此外，智能摄像头控制软件被非法破解和控制的例子也比比皆是。例如，2017 年，某品牌摄像头被曝网上直播监控内容，内容涵盖日常家庭生活、正在经营的商铺、户外公共场所，甚至酒店房间，造成了非常恶劣的影响。

做好网络安全防护是大数据时代的重要问题。常见的保护措施有以下几点。(1) 应用加密防范技术，如以密钥法对数据信息密文做加密及解密的处理，避免明码传送和存储，防止网络传输时被黑客盗取、利用等。(2) 应用物理隔离网闸，将需要保护的数据隔离存储；利用物理隔离网闸，阻断可能攻击计算机信息系统的各种因素，把黑客攻击合理地防御在计算机系统外。(3) 加强访问权限管理，针对不同级别的用户给予不同的访问权限，在访问请求、数据浏览和修改、登录时间和数

量等方面加以合理控制。(4)加强防火墙建设，对内部网络系统和实际访问环境进行安全控制，把威胁因素阻止在网络环境以外。

8.1.2 管理问题

在大数据时代背景下，大数据等技术的产生和发展正在对实际的管理活动产生深刻的影响，对企业的健康发展提出了巨大挑战。本节将从组织制度、数据意识与技能角度出发，介绍常见的与管理相关的大数据安全问题。

8.1.2.1 组织制度不完善

对于一些传统企业，尤其是大型企业或事业单位，可能会面临着管理制度、组织文化与大数据不匹配的问题。由于制度、地方主义、部门主义、业务自身特点等人为因素，很多组织存在着数据分散现象。尤其是随着大数据的价值得到认同，很多组织或部门出于数据保护的目的，会抵制或不愿意开展数据分享等，造成所谓的“数据割据”。这种现象广泛存在于政府部门之间、不同地域之间，甚至同一组织内部，违背了大数据的时代精神。为了适应大数据时代组织发展趋势，应该加强组织文化建设，尤其是加强“一把手工程”建设，即从顶层设计出发，加强数据共享共用等全局规划，推动大数据管理制度的改革与创新。

“数据孤岛”是组织大数据管理面临的问题，指的是数据在不同部门相互独立存储、独立维护，彼此间相互孤立，形成了物理上的孤岛。“数据孤岛”的形成与组织信息化过程的特点有关，即绝大多数组织的信息化是分阶段、分部门开展的，如早期的财务信息化、企业 ERP 等系统设计主要是针对特定部门的。这种因为技术差距、历史遗留问题等原因形成的数据分散现象，被称之为“数据孤岛”。打破“数据孤岛”不仅仅是一项技术问题，更是组织制度与战略问题，需要加强顶层规划。

“数据质量”指的是数据存在真实性、完整性、一致性等方面的缺陷，是组织大数据管理面临的另外一个问题。由于大数据在企业的应用还处于探索阶段，很多具体业务流程并不规范，究竟需要什么样的数据、如何采集这些数据、以什么样的形式存储这些数据以及如何利用这些数据，这些相关问题并没有标准答案，为数据管理等相关工作带来了麻烦。数据质量问题的解决非一日之功，需要技术、制度、文化等方方面面的努力。

8.1.2.2 数据意识与技能有待提升

大数据时代，数据管理成为企业日常活动的重要组成部分，对企业员工的数据意识与技能等提出了更高要求。如果企业员工缺少数据意识与技能，那么可能会使

企业的大数据管理出现混乱，进而对企业的运行、发展产生严重的负面影响。因此，企业需要全面提升员工的数据意识与技能，尤其是市场观察能力、判断能力和执行能力等，从而根据业务需要更好地规划大数据管理工作。

数据保护意识也是企业面临的问题之一。由于大数据在企业的应用还处于探索阶段，很多日常数据管理工作还处于探索期，组织与员工关于数据价值及数据保护的意识不强。虽然企业内部管理人员会接收大量数据，但是在实际应用中可能无法精准判断这些数据的精准性、真实性及潜在的安全问题。因此，除了需要提升员工的数据利用技能和意识外，还需要明确信息安全负责人员的职责及权限，加强数据的安全管理，保证数据的可用性、完整性、机密性。

8.1.3　业务问题

在大数据时代背景下，大数据安全问题在业务方面的主要表现是商业伦理问题。随着人们对于海量数据收集、存储、分析和利用能力的提升，大数据产生了一系列可能的商业伦理问题，集中表现为违规使用个人信息与信息泄露、软件权限滥用、大数据杀熟、数据失真等。

8.1.3.1　违规使用个人信息与信息泄露

随着移动互联网及软件应用市场的蓬勃发展，各类违规使用个人信息与信息泄露的事件层出不穷。用户基本的个人信息及行为信息(如地理位置、情感信息等)都在逐渐向着数字化方向发展，被转化成数据进行存储。虽然大数据满足了个人的生活需求，但由于目前隐私保护法规尚未健全、隐私保护技术尚不完善，无形中造成了个人信息安全隐患。

以用户个人信息被违规使用为例，人们在下载、注册和使用软件时，很多情况下会提供手机号码等个人信息；在使用软件过程中，会产生大量的搜索与浏览记录、使用习惯等个人信息。应用软件未经用户同意与第三方应用共享、使用用户个人信息，或向用户进行不可关闭的定向推送或精准营销等，都属于违规使用个人信息。2019 年 11 月 28 日，国家互联网信息办公室、工业和信息化部、公安部、国家市场监督管理总局联合制定了《App 违法违规收集使用个人信息行为认定方法》，并自印发之日起实施。该文件使得关于违法违规收集使用个人信息行为的界定及操作变得合法可行，各地关于相关违法事件的曝光、整改和治理等有序开展。

信息泄露指的是平台用户信息被黑客窃取、公司内部人员违规外泄等。近年来，用户信息泄露事件频发，如 12306 网站用户信息外泄事件、Facebook 公司 5 亿用户信息泄露事件、淘宝网近 12 亿条用户数据泄露事件等。信息泄露对用户的信息安全

产生了极大的威胁。对于个人来说，信息泄露不仅会影响正常生活，如不断收到垃圾短信、骚扰电话、垃圾邮件，还极有可能成为不法分子的诈骗对象，甚至被冒名办卡透支存款、背负巨额债款等，给个人生命及财产安全带来严重威胁。对于企业来说，客户信息作为企业发展的重要支持，一旦丢失或遭到竞争对手的窃取，不仅会给企业在商业伦理方面带来困境，还会影响企业的社会声誉及地位，给企业带来巨大的经济损失。

8.1.3.2 软件权限滥用

软件权限滥用是人们经常遇到，但可能被忽视的问题。例如，人们下载安装某个 App 时，通常都会有这样的经历，即被要求开放文件、照片、短信及位置信息读取权限。如果相关权限与功能是该 App 必需的，如打车 App 读取位置信息等，这些属于正常范围之内。但某些 App 会索取额外的授权，如音乐 App 请求允许读取通话记录、外卖 App 要求访问用户图库、阅读 App 需要读取位置信息等，这些权限显然超出了正常权限范围。如果用户拒绝授权，就无法使用软件；但如果同意授权，则有可能打开了权限被滥用的大门，大大增加了数据泄露的风险。

制定法律法规规范企业行为，严格限制相关软件的访问权限范围是保护用户隐私的关键。2021 年 7 月 6 日，深圳市人大常委会正式公布了《深圳经济特区数据条例》，从 2022 年 1 月 1 日起施行。这是国内数据领域首部基础性、综合性的立法，在全国范围内形成了良好示范。其中，针对“App 不全面授权就不给用”等现象，该条例做出了专门规定，要求数据处理者不得以自然人不同意处理其个人数据为由，拒绝向其提供相关核心功能或者服务，但该个人数据为提供功能服务所必需的除外。

8.1.3.3 大数据杀熟

“大数据杀熟”指的是，同样的商品或服务，老客户看到的价格反而比新客户要贵出许多的现象。2018 年 3 月，有网友晒出了自己的亲身经历：其长期在某网站预订价格在 380～400 元的酒店房间，而用朋友的账号在该网站查询同一酒店房间价格时却显示为 300 元左右。这一件事引发了全网讨论，不少网友都纷纷晒出类似的经历。相关新闻报道显示，从酒店预订、机票预订再到打车出行，不少知名互联网平台都存在类似的“大数据杀熟”问题。这类行为剥夺了消费者的知情权和公平交易权，成为企业违背商业伦理的代名词。2018 年 12 月 20 日，国家语言资源监测与研究中心、商务印书馆、人民网、腾讯公司联合主办的“汉语盘点 2018”在北京揭晓，“大数据杀熟”入选了 2018 年度社会生活类十大流行语。

针对“大数据杀熟”现象，相关部门纷纷出台了法律法规，尝试在立法和监管执法层面加以约束。例如，2019 年 1 月 1 日《中华人民共和国电子商务法》正式实施，规定经营者在进行个性化推荐的同时，还应当向该消费者提供不针对其个人特征的选项，尊重和平等保护消费者合法权益。2020 年 8 月 20 日，文化和旅游部发布了《在线旅游经营服务管理暂行规定》，要求在线旅游企业不得滥用大数据分析侵犯旅游者的合法权益。2020 年 11 月 10 日，国家市场监督管理总局发布《关于平台经济领域的反垄断指南(征求意见稿)》；2021 年 2 月 7 日，国务院反垄断委员会正式发布《关于平台经济领域的反垄断指南》。2021 年 8 月 20 日，十三届全国人大常委会第三十次会议表决通过《中华人民共和国个人信息保护法》，其中明确规定不得进行“大数据杀熟”。

除了法律方面的约束，治理“大数据杀熟”还需要企业加强自我约束。2020 年 12 月 22 日，国家市场监督管理总局联合商务部召开规范社区团购秩序行政指导会，阿里、腾讯、京东、美团、拼多多、滴滴 6 家互联网平台企业参加。会议要求互联网平台企业严格遵守“九不得”，严格规范社区团购经营行为。2021 年 4 月 8 日，广州市市场监督管理局联合市商务局召开平台“大数据杀熟”专项调研和规范公平竞争市场秩序行政指导会。唯品会、京东、美团等 10 家互联网平台企业代表签署《平台企业维护公平竞争市场秩序承诺书》，承诺不利用大数据“杀熟”。

8.1.3.4 数据失真

互联网是大数据的重要来源之一。用户创造内容(User-Generated Content)是 Web 2.0 时代互联网内容的重要生产方式。由于互联网开放性、匿名性和共享性的特征，任何人都可以在互联网上发布信息与数据，这就使得互联网上的各类信息来源错综复杂、难以追溯。出于不同的目的，大量失真信息(Misinformation)或虚假信息(Fake Information)会被有意或无意传播，使得各种数据的准确度、真实性存在很大问题，即便是大数据处理技术也很难完全正确地处理相关数据。

数据真实性检验是目前技术突破的重点和难点。例如，网络数据中存在着大量的虚假个人注册信息、假账号、假粉丝、假交易、灌水帖及虚假观点等，这些信息不仅没法直接产生商业价值，还会滋生谣言，甚至造成社会恐慌等问题，增加了社会治理的成本。此外，很多网站为了“漂亮的业绩数据”，不会刻意，也很难对会员注册信息的真实性进行全面核查，也很难规避虚假关联账号或检验账号主体与实际消费主体的一致性问题。

数据真实性检验是个长期存在的问题。虽然电信运营商已经推行了实名制，但由于互联网的开放性、匿名性、共享性、互联网企业商业模式及灰色产业链等问题

的存在，互联网数据质量与期望仍有相当差距。可以预见，在未来相当长的时间内，即使最优秀的数据科学家、最先进的数据处理方法，也无法消除或修正某些数据固有的错误和不足。对大数据真实性的追求是数据管理工作面临的长期挑战。

8.2 数据安全和商业伦理保护

8.2.1 立法监督

保护数据安全可以通过立法监督的方式，明晰数据主权，规范数据使用方式。随着数据量激增和数据跨境流动日益频繁，有力的数据安全防护和流动监管将成为国家安全的重要保障。数据与国家的经济运行、社会治理、公共服务、国防安全等方面密切相关，一些个人隐私信息、企业运营数据和国家关键数据的流出，将可能造成个人信息曝光、企业核心数据甚至是国家重要信息的泄露，给个人、企业及国家安全带来各种隐患。在全球范围内，以数据为目标的跨境攻击也越来越频繁，成为挑战主权国家安全的跨国犯罪新形态。

近年来，我国高度重视数据安全问题，加快了在数据安全领域的立法工作，如相继颁布实施了《中华人民共和国网络安全法》(2016)、《中华人民共和国数据安全法》(2021)和《中华人民共和国个人信息保护法》(2021)，极大地保障了公民隐私与数据安全，促进了我国数字经济的有序发展。除了我国，世界主要经济体和大国均发布了以发展数字经济、保护数据安全为核心的数据战略，如欧盟的《欧盟数据战略》(2020)，美国的《数据战略》(2020)等。数据安全保障的意义不仅在于保护数据安全，还关系到基于数据的新经济发展，数据安全保障能力也因此成为评价国家竞争力高低的重要指标。

8.2.2 科技克制

在数据安全和商业伦理保护方面，除了依靠法律法规监督外，还需要通过技术手段搭建安全屏障。大数据被违法违规使用的原因之一是违规者在使用数据时很难被追踪。让数据变得可追溯、使用时留有痕迹是保护数据安全和商业伦理的有效手段，换言之，可以从技术手段上加强对数据的溯源。例如，利用区块链技术“去中心化、记录不可篡改”等特性，将原生数据产生、流通、使用全过程上链，确保数据从产生的那一刻起就全程可追溯，在数据违规使用情况发生时快速定位责任主体。

提升数据安全技术是应对数据安全问题的另一项手段。数据被黑客等窃取盗用是数据不安全的重要技术原因。可以通过利用安全技术对数据使用权限分类分级、

字段权限控制等手段建立事前数据访问控制机制，然后通过数据脱敏、加密等方式，保证敏感数据得到充分保护，防止敏感数据在存储、传输和使用过程中被不法分子窃取。此外，还可以通过规范数据管理权限、建立数据安全管理制度、及时扫描漏洞升级补丁及提升数据保护技术等来加强数据安全保护。

8.2.3　文化促进

树立正确的数据价值观，引导组织和个人遵循相关道德和伦理规范是数据安全保护的手段之一。政府及专业学会组织可以尝试构建普世的数据道德原则，如大数据利用的公正与共享原则、无害原则、互惠原则、兼容原则、知情同意原则，通过道德来约束从数据采集到使用的各个环节。也可以建立大数据道德委员会等类似组织来推广数据道德、推动数据道德教育，开发数据道德相关的伦理课程及培训材料，丰富数据道德传播的数字化手段，大力宣传数据道德，从而达到增强全民数据道德意识的目的。此外，政府、企业、行业协会及学会可以组织数据安全知识科普讲座，帮助人们了解更多关于数据安全的知识，提升数据安全合规理念，加强数据安全保护文化建设。

课后习题

1. 请简述常见的大数据安全问题类型，并给出每个类型的要点。
2. 请举例说明大数据安全中的商业伦理问题。
3. 请解释“大数据杀熟”的含义，并给出 1～2 个身边发生的例子。
4. 请简述网络安全防护的方法。
5. 请解释违规使用个人信息的含义，举例说明并分析其潜在影响。
6. 请谈谈如何保护大数据安全。

课后案例

人脸识别场景中的隐私泄露与保护

生物识别技术是利用智能设备对人脸、虹膜、指纹、声纹和步态等人类固有生理特征及行为特征进行采集、分析，实现个体身份认证的一种技术。我国生物识别产业发展迅速，技术成熟度不断提高，应用场景逐渐朝着复杂化、多样化的方向发展，目前已广泛应用于金融、公共安全服务以及教育等多个领域。

以金融行业为例，随着金融行业数字化进程的不断推进，指纹识别、人脸识别、

虹膜识别、声纹识别等生物识别技术已被应用于多项业务实践中。由于无须接触、操作方便，人脸识别技术是金融行业中应用最为广泛的生物识别技术，主要应用于身份认证、支付验证、取现业务等多个场景；在保障资金安全的基础上，有效提高了银行的工作效率和客户服务体验。

由于不同金融机构的技术能力有所差异，且金融业尚未正式明确人脸识别技术的应用标准，过去几年，金融行业出现多起因人脸识别技术漏洞造成的信息泄露和财产损失案件。2019 年 1 月，南方某城市银行被曝出：不法分子通过软件抓包、PS 身份证等手段，破解了该行手机银行 App 的人脸识别系统后，注册该银行Ⅱ类账户 76 个，并以一套账户 100 元至 200 元不等的价格对外出售，造成了恶劣影响。

人脸识别技术在为行业带来便利的同时，个人信息保护问题也日益凸显。近年来，因人脸信息等个人身份信息泄露导致“被贷款”“被诈骗”和隐私权、名誉权被侵害等问题时有发生。2020 年 10 月，全国信息安全标准化技术委员会等机构发布的《人脸识别应用公众调研报告(2020)》显示，在 2 万多名受访者中，94.07%的受访者用过人脸识别技术，64.39%的受访者认为人脸识别技术有被滥用的趋势，30.86%受访者已经因为人脸信息泄露、滥用等遭受损失或者隐私被侵犯。

人脸识别技术的发展是一把双刃剑，处理个人隐私泄露问题，需要政府、企业、个人等多方参与。只有在政策、技术以及个人风险意识等多个方面实现突破，个人的信息安全才能得到更好的保障。

阅读上述材料，请回答下列问题。

1. 在生活中，人脸识别技术常见的应用场景有哪些？
2. 人脸信息处理过程中还存在哪些潜在的侵权行为？请举例说明。
3. 对于生物识别技术潜在的信息安全问题，企业或相关部门应该如何改进？

参 考 文 献

[1] 蔡莉，王淑婷，刘俊晖，等. 数据标注研究综述[J]. 软件学报，2020，31(02)：302-320.

[2] 朝乐门. 数据分析与数据思维 Python 编程要点、分析方法与实践技能[M]. 北京：电子工业出版社，2021.

[3] 朝乐门，张晨，孙智中. 数据科学进展：核心理论与典型实践[J]. 中国图书馆学报，2022，48(01)：77-93.

[4] 陈国青，任明，卫强，等. 数智赋能：信息系统研究的新跃迁[J]. 管理世界，2022，38(01)：180-196.

[5] 程光胜. 基于“大数据+小数据”的智慧图书馆用户精准画像模型构建 [J]. 图书馆理论与实践，2022(05)：90-95+104.

[6] 邓子云，杨子武. 发达国家大数据产业发展战略与启示[J]. 科技和产业，2017，17(06)：8-13+146.

[7] 何明，何红悦，罗玲，等. 大数据导论：大数据思维技术与应用[M]. 2 版. 北京：电子工业出版社，2022.

[8] 何明珂. 供应链管理的兴起：新动能、新特征与新学科[J]. 北京工商大学学报(社会科学版)，2020，35(03)：1-12.

[9] 拉姆什・沙尔达，杜尔森・德伦，埃弗瑞姆・特班. 商务智能：数据分析的管理视角[M]. 英文版，4 版. 北京：机械工业出版社，2018.

[10] 李伯虎，柴旭东，刘阳，等. 智慧物联网系统发展战略研究[J]. 中国工程科学，2022，24(04)：1-11.

[11] 孟小峰，慈祥. 大数据管理：概念、技术与挑战[J]. 计算机研究与发展，2013，50(01)：146-169.

[12] 闵庆飞，刘志勇. 人工智能：技术、商业与社会[M]. 北京：机械工业出版社，2021.

[13] 齐佳音，吴联仁. 客户关系管理：面向商业数字化转型[M]. 北京：机械工业出版社， 2022.

[14] 托马斯・埃尔，瓦吉德・哈塔克，保罗・布勒. 大数据导论[M]. 彭智勇，译. 北京：机械工业出版社，2017.

[15] 托尼・萨尔德哈. 数字化转型路线图：智能商业实操手册[M]. 赵剑波，邓洲，于畅，等译. 北京：机械工业出版社，2021.

[16] 王汉生. 数据思维：从数据分析到商业价值[M]. 北京：中国人民大学出版社，2017.

[17] 王浦劬. 国家治理、政府治理和社会治理的基本含义及其相互关系辨析[J]. 社会学评论，2014，2(03)：12-20.

[18] 王珊，王会举，覃雄派，等. 架构大数据：挑战、现状与展望[J]. 计算机学报，2011，34(10)：1741-1752.

[19] 卫军朝，蔚海燕. 国外政府数据开放现状、特点及对我国的启示[J]. 图书馆杂志，2017，36(08)：69-78+84.

[20] 温素彬，李慧. 渊思寂虑：智能会计"热"的"冷"思考[J]. 财会月刊，2022(21)：62-70.

[21] 乌家培. 与时俱进的经济学和管理学[J]. 学术研究，2004(09)：20-25.

[22] 徐宗本，唐年胜，程学旗. 数据科学：它的内涵、方法、意义与发展[M]. 北京：科学出版社，2022.

[23] 续慧泓，杨周南，周卫华，等. 基于管理活动论的智能会计系统研究——从会计信息化到会计智能化[J]. 会计研究，2021(03)：11-27.

[24] 宣昌勇，晏维龙. "四跨"融合培养新商科本科人才[J]. 中国高等教育，2020(06)：51-53.

[25] 杨善林，丁帅，顾东晓，等. 医联网：新时代医疗健康模式变革与创新发展[J]. 管理科学学报，2021，24(10)：1-11.

[26] 杨永恒，王永贵，钟旭东. 客户关系管理的内涵、驱动因素及成长维度[J]. 南开管理评论，2002(02)：48-52.

[27] 杨尊琦. 大数据导论[M]. 2版. 北京：机械工业出版社，2022.

[28] 占美松，高祯憬，康均，等. 人工智能技术冲击下的会计稳定与发展[J]. 财会月刊，2021(16)：85-91.

[29] 张诚，张琦. 商业数据科学[M]. 北京：机械工业出版社，2019.

[30] 张楠，马宝君，孟庆国. 政策信息学：大数据驱动的公共政策分析[M]. 北京：清华大学出版社，2020.

[31] 张建锋，肖利华，许诗军. 数智化：数字政府、数字经济与数字社会大融合[M]. 北京：电子工业出版社，2022.

[32] 张敏. 智能财务十大热点问题论[J]. 财会月刊，2021(02)：25-30.

[33] 张尧学，胡春明. 大数据导论[M]. 2版. 北京：机械工业出版社，2021.

[34] 赵卫东. 商务智能[M]. 5版. 北京：清华大学出版社，2021.

[35] 周阳，汪勇. 大数据重塑公共决策的范式转型、运行机理与治理路径[J]. 电子政务，2021(09)：81-92.